"三农"培训精品教材

节水灌溉与科学施肥新技术

● 李茂军　宋九林　高会侠　主编

中国农业科学技术出版社

图书在版编目（CIP）数据

节水灌溉与科学施肥新技术 / 李茂军，宋九林，高会侠
主编. --北京：中国农业科学技术出版社，2024.6
ISBN 978-7-5116-6796-0

Ⅰ.①节…　Ⅱ.①李…②宋…③高…　Ⅲ.①农田灌溉-
节约用水②施肥-技术　Ⅳ.①S275②S147.2

中国国家版本馆 CIP 数据核字（2024）第 085241 号

责任编辑	周　朋
责任校对	马广洋
责任印制	姜义伟　王思文

出 版 者	中国农业科学技术出版社
	北京市中关村南大街 12 号　　邮编：100081
电　　话	（010）82103898（编辑室）　　（010）82106624（发行部）
	（010）82109709（读者服务部）
网　　址	https://castp.caas.cn
经 销 者	各地新华书店
印 刷 者	北京中科印刷有限公司
开　　本	140 mm×203 mm　1/32
印　　张	6
字　　数	166 千字
版　　次	2024 年 6 月第 1 版　2024 年 6 月第 1 次印刷
定　　价	38.80 元

前　言

　　近年来，随着农业科技的快速发展，节水灌溉与科学施肥新技术层出不穷。例如，滴灌、喷灌等节水灌溉技术已经广泛应用于各类农田，有效提高了水分利用效率；精准施肥、施缓释肥等科学施肥技术，使肥料利用率大幅度提升，减少了化肥的流失和浪费。

　　节水灌溉与科学施肥新技术的发展对于提升农业生产效率、保护生态环境以及实现资源的可持续利用具有重要意义。这些新技术不仅能够精准控制水肥投入、降低生产成本、提高作物产量和品质，还能够减少水资源的浪费和肥料的污染，促进农业的绿色可持续发展。因此，推动节水灌溉与科学施肥新技术的创新发展，对于实现农业现代化、促进农村经济发展、保障国家粮食安全具有深远影响。

　　本书旨在全面深入地探讨节水灌溉与科学施肥新技术在农业生产中的应用与发展。本书共九章，包括概述、低压管道输水灌溉技术、喷灌技术、微灌技术、膜下滴灌技术、水肥一体化技术、主要肥料高效施用技术、测土配方施肥技术、化肥减量增效技术。本书语言通俗，内容翔实，具有较强的实用性和科学性。

　　本书既适合农业从业者和技术人员作为实践指导，也适合相关领域的学者作为研究参考。

　　由于时间仓促，水平有限，书中难免存在不足之处，欢迎广大读者批评指正！

编　者

2024 年 1 月

目　　录

第一章 概　　述

第一节　节水灌溉的意义

节水灌溉是指根据作物需水规律和当地供水条件，高效利用降水和灌溉水，以取得农业最佳经济效益、社会效益和生态环境效益的综合措施的总称。其涵义是，在充分利用降水和土壤水的前提下高效利用灌溉用水，最大限度地满足作物需水，以获取农业生产的最佳经济效益、社会效益、生态环境效益，用尽可能少的水投入，取得尽可能多的农作物产量的一种灌溉模式。我国作为农业大国，水资源紧缺问题十分严重。而传统的灌溉模式不仅严重浪费水资源，而且效率低下。因此，发展节水灌溉技术具有重要的现实意义。

一、缓解水资源短缺现象

我国的水资源严重不足，社会不断发展，各个方面对水资源的需求量也在不断增大，使水资源不足的现象变得更加严重。农业对水的需求量非常大，节水灌溉技术合理有效地减少了作物对水的需求量，使有限的水资源得到充分利用，提高了水的利用效率，有效缓解了水资源短缺的现状。

二、提升社会经济效益

节水灌溉技术的应用不仅具有生态效益，还具有显著的社会经

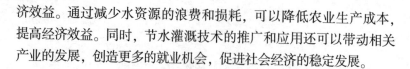

济效益。通过减少水资源的浪费和损耗，可以降低农业生产成本，提高经济效益。同时，节水灌溉技术的推广和应用还可以带动相关产业的发展，创造更多的就业机会，促进社会经济的稳定发展。

三、保护生态环境

传统的灌溉方式往往会造成水资源的过度消耗和浪费，导致地下水位下降、土壤盐碱化等生态环境问题。而节水灌溉技术的应用，可以减少这些不利影响，保护生态环境。同时，通过合理利用雨水、废水等非常规水资源，还可以促进水资源的循环利用，进一步改善生态环境。

四、推动农业的发展

节水灌溉技术的应用，可以提高灌溉水的利用效率，减少水资源的浪费。通过精准灌溉、微灌、滴灌等技术手段，可以根据作物的生长需求和土壤条件，实现水肥一体化管理，提高农作物的产量和品质，使农民的收入明显提高。通过推广和应用节水灌溉技术，可推动农业生产的现代化、智能化和精准化，提升农业的整体竞争力，推动农业产业的升级和转型，推进我国农业现代化进程。

第二节　节水灌溉发展现状与发展方向

一、节水灌溉的发展现状

（一）国外节水灌溉发展现状

在发达国家，尤其是在欧美地区，农业生产机械化和自动化程度较高，农业节水灌溉技术已经取得了显著的成就。美国、法国、意大利等国家的农业灌溉大多采用不同形式的喷灌机进行作业，圆形和平移式喷灌机、绞盘式喷灌机等。这些大中型喷灌机的应用大大减轻了灌溉劳动强度，提高了水肥利用效率，并增加了作物产量。以色列的节水灌溉技术在国际上处于领先地位，其滴灌技术的水利用率可达95%。以色列还使用处理后的废水进行灌溉，既节约了水资源，又有利于保护生态环境。

（二）我国节水灌溉发展现状

我国是世界上最大的农业生产国之一，但水资源分布不均，导致严重的水资源短缺问题。近年来，我国政府出台了一系列的节水政策和措施，推动了农业节水灌溉技术的发展。节水灌溉实施面积呈逐年稳步增长，同时灌溉水的有效利用系数不断提高。国内节水灌溉技术的发展进入了质量、规模和效益并重的良性发展阶段。

然而，尽管有政策支持和技术进步，大部分耕地仍然采用传统的水渠防渗大水漫灌，这导致劳动强度大，且农艺节水制度难以实施。我国耕地类型多样，地形复杂，这使大型的灌溉设备难以适应不同的地块。因此，尽管节水灌溉技术在中国取得了一定的进展，但在实际应用中仍然受到一些限制。

二、节水灌溉的发展方向

（一）智能化

新一代信息技术，如物联网、大数据、云计算和智能装备，将成为农业节水灌溉的发展驱动力。智能化灌溉系统可以实时监测土壤湿度、作物需水量等参数，从而实现精确的水资源管理。智能系统还可以根据不同作物和生长阶段的需求自动调整灌溉计划，提高水资源利用效率。

（二）精确化

农作物品种不同、生长期不同，需水量也不同，因此精确灌

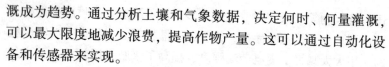

溉成为趋势。通过分析土壤和气象数据，决定何时、何量灌溉，可以最大限度地减少浪费，提高作物产量。这可以通过自动化设备和传感器来实现。

（三）生态化

随着人们对环境保护的日益重视，生态灌溉成为发展趋势之一。生态灌溉不仅注重农田灌溉的效率，还关注土壤和水质的保护。通过减少农药和化肥的使用，以及维护土壤健康，生态灌溉有助于维护农田的可持续性。

（四）水肥一体化

农作物对养分的吸收主要依靠水为载体，因此，水肥一体化是实现高产稳产的关键。通过将肥料与灌溉水一起应用，可以确保作物得到所需的养分。这有助于提高水肥利用效率，降低农业生产的环境影响。

第三节　不同栽培环境条件下适宜的节水灌溉模式

在不同栽培环境条件下，选择适宜的节水灌溉模式对于提高作物产量、保持土壤肥力以及实现水资源的可持续利用具有深远的意义。这一选择过程涉及对作物需求、土壤特性、水源条件以及环境因素的综合考虑。因此，应根据不同栽培环境条件的实际情况，采用不同的节水灌溉技术。

一、温室和大棚

温室和大棚为作物提供了一个相对封闭且可控的生长环境。在这种环境下，微灌技术如滴灌和微喷灌是理想的节水灌溉模式。

滴灌系统通过管道和滴头，直接将水分输送到作物根部，有

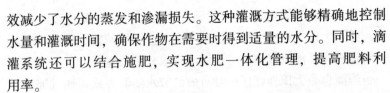

效减少了水分的蒸发和渗漏损失。这种灌溉方式能够精确地控制水量和灌溉时间，确保作物在需要时得到适量的水分。同时，滴灌系统还可以结合施肥，实现水肥一体化管理，提高肥料利用率。

微喷灌则适用于需要一定湿度环境的作物，如花卉和蔬菜。微喷灌系统通过喷头将水雾喷洒到作物上，既能够满足作物对水分的需求，又能够保持环境的湿度。这种灌溉方式还可以有效地降低温室内的温度，为作物提供一个适宜的生长环境。

二、果园和林场

果园和林场通常占地面积较大，且树木生长周期长，因此需要考虑水源的稳定性和灌溉效率。

滴灌和微喷灌在果园和林场中同样适用。这些灌溉方式能够确保水分均匀分布到每棵树的根部，满足树木生长的需求。同时，由于水分直接输送到根部，减少了水分的浪费和蒸发损失。

涌泉灌也是果园和林场中一种有效的节水灌溉模式。涌泉灌利用低压管道将水输送到田间，再通过灌水器以较小的流量将水均匀稳定地送到作物根部附近的土壤中去。这种灌溉方式适用于土壤透水性较好的区域，能够确保水分被有效地吸收和利用。

需要注意的是，在蒸发量较大的地区，微喷灌可能不太适用，因为大量的水分可能会通过蒸发而损失。在这些地区，应优先考虑滴灌或涌泉灌等更为节水的灌溉方式。

三、大田作物

对于大田作物，尤其是粮、棉等密植作物，需要选择一种既能够覆盖大面积农田又能够高效利用水资源的灌溉方式。

移动式喷灌是一种适用于大田作物区的节水灌溉模式。喷灌系统通过移动喷头将水均匀喷洒到作物上，能够覆盖较大的面积，并且可以根据作物的需求和水源条件进行调整。这种灌溉方式既能够提高灌溉效率，又能够减少水分的浪费。

滴灌也是大田作物区一种有效的节水灌溉方式。通过铺设管道和滴头，滴灌系统可以将水分直接输送到作物根部，实现精准灌溉。滴灌不仅能够减少水分的蒸发和渗漏损失，还能够结合施肥，提高作物的产量和品质。

四、干旱和半干旱地区

在干旱和半干旱地区，水资源尤为珍贵，因此选择一种能够高效利用水资源的节水灌溉模式至关重要。

抗旱坐水种技术是一种适用于干旱地区的节水灌溉方式。这种技术通过在播种时附带一定量的水分，确保作物在出苗期能够获得足够的水分。这样不仅可以减少作物的水分需求，还能够提高作物的抗旱能力。

集雨节灌模式则是利用雨水收集设施将雨水蓄存起来用于灌溉的模式。在干旱和半干旱地区，雨水是一种宝贵的水资源，通过集雨节灌模式可以有效地利用这些雨水资源，实现水资源的可持续利用。

五、山地和丘陵地区

山地和丘陵地区地形复杂，水源分散，因此需要选择一种能够适应地形特点并能高效利用水资源的灌溉方式。

渠道和垄沟防渗模式是山地和丘陵地区一种有效的节水灌溉方式。通过采用防渗材料和技术对渠道和垄沟进行改造，可以减少水分在输送过程中的渗漏损失。这种灌溉方式能够确保水分被有效地输送到作物根部，提高灌溉效率。

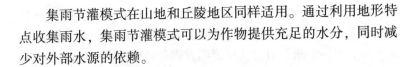

集雨节灌模式在山地和丘陵地区同样适用。通过利用地形特点收集雨水，集雨节灌模式可以为作物提供充足的水分，同时减少对外部水源的依赖。

第四节 科学施肥的意义

施肥可以改变作物的代谢功能，促进作物体内蛋白质、淀粉、脂肪、生物碱和其他物质的积累，从而达到改善品质的目的。反之，过量施肥或不合理施肥，则会造成土壤污染、病虫害加剧、生态环境破坏、产品质量和产量下降，甚至造成毒害。科学施肥是指根据土壤特性、作物需求以及环境因素，合理、精准地施用肥料。科学施肥的意义深远而广泛，它不仅关乎农业生产的效益，更与土壤健康、环境保护和人类健康息息相关。

一、实现农业生态系统的营养平衡与高效循环

科学施肥能够精准地补充土壤中的营养元素，促进土壤、植物和动物之间的营养循环。通过合理搭配不同种类的肥料，可以满足作物生长所需的各种营养元素，使土壤中的养分得到充分利用。同时，科学施肥还可以改善土壤结构，提高土壤的保水保肥能力，为作物提供良好的生长环境。

二、提高土壤肥力，实现土地的永续利用

土壤是农业生产的基础，而土壤肥力的高低直接影响着农作物的产量和品质。科学施肥通过补充土壤中的营养元素，提高土壤的肥力水平，使土地能够持续地为农业生产提供养分支持。这不仅有助于增加农作物的产量，还可以提高农产品的品质，满足人们对美好生活的需求。

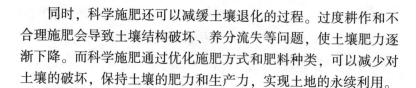

　　同时，科学施肥还可以减缓土壤退化的过程。过度耕作和不合理施肥会导致土壤结构破坏、养分流失等问题，使土壤肥力逐渐下降。而科学施肥通过优化施肥方式和肥料种类，可以减少对土壤的破坏，保持土壤的肥力和生产力，实现土地的永续利用。

三、减缓土壤侵蚀，保护水域水体

　　土壤侵蚀是一个严重的环境问题，它不仅会导致土地资源的流失，还会对水域水体造成污染。科学施肥通过改善土壤结构，增加土壤的保水保能能力，可以减缓土壤侵蚀的速度。同时，科学施肥还可以提高地面覆盖率，增加植被的密度和多样性，进一步防止土壤侵蚀的发生。

　　此外，科学施肥还可以保护水域水体的洁净。过量施肥会导致养分流失到水体中，引发水体富营养化等问题，对水生生物和水体生态系统造成破坏。而科学施肥通过精准控制施肥量和肥料种类，可以减少养分流失的风险，保护水域水体的生态环境。

四、改善农副产品的品质，保护人体健康

　　科学施肥不仅可以提高农作物的产量，还可以改善农副产品的品质。通过合理搭配肥料种类和施用量，可以为作物提供全面、均衡的营养支持，促进作物的正常生长和发育。这样可以使农产品更加美味可口、营养丰富，提高人们的饮食质量。

　　同时，科学施肥还可以保护人体健康。过量施肥和不合理施肥可能导致农产品中残留有害物质，对人体健康造成潜在威胁。而科学施肥通过优化施肥方式和肥料种类，可以减少有害物质的残留量，保障农产品的安全和质量，保护人们的身体健康。

五、推动农业的可持续发展

科学施肥在推动农业可持续发展中占据着举足轻重的地位。可持续农业发展强调在保护生态环境的前提下，实现农业的高产、高效和优质。而科学施肥正是实现这一目标的重要手段之一。

通过科学施肥，可以实现农业生产与生态环境的协调发展。在保护生态环境的同时，提高农产品的产量和质量，满足人们对美好生活的需求。这不仅有助于推动农业生产的转型升级，还可以为农村经济的繁荣发展提供有力支撑。

同时，科学施肥还有助于推动农业科技创新和产业升级。随着科技的不断发展，新的施肥技术、肥料产品不断涌现，为科学施肥提供了更多的可能性。通过推广和应用这些新技术、新产品，可以进一步提高施肥效果，推动农业生产的创新发展。

第二章 低压管道输水灌溉技术

第一节 低压管道输水灌溉技术概述

一、低压管道输水灌溉的概念

低压管道输水灌溉简称管道输水灌溉或"管灌",是近年来在我国迅速发展起来的一种节水型地面灌溉技术,是以管道代替渠道输配水的一种工程形式。灌水时使用较低的压力,通过压力管道系统,把水输送到田间沟、畦,灌溉农田,以充分满足作物的需水要求。因此,在输、配水上,它是以低压管网来代替明渠输配水系统的一种农田水利工程形式,而在田间灌水上,通常采用畦灌、沟灌、"小白龙"灌溉等灌水方法。目前主要用于输配水系统层次少(一级或二级)的小型灌区(特别是井灌区),也可用于输配水系统层次多的大型灌区的田间配水系统。其工作压力相对于喷灌、微喷灌等较低。

二、低压管道输水灌溉的优点

(一) 节水

管道输水系统可以减少渗漏和蒸发损失,提高水的有效利用率。试验资料表明,采用管道输水,输水的利用率可达95%~97%,比土渠输水节约水量30%左右,比硬化(或其他类型衬

砌）渠道节水 5%～15%。同时，若配套地面移动闸管系统和先进的地面灌水方法，综合省水可达 30% 以上。

（二）输水省时、省力、节能

管道输水灌溉是在一定压力下进行的，一般比土渠输水流速大、输水快，供水及时，有利于提高灌水效率，适时供水，节约灌水劳力。用管道输水灌溉，比土渠输水多消耗一定能耗，但通过节水，提高水的有效利用率所减少的能耗，一般可节省能耗 20%～25%。如山东省龙口市某井灌区 490 亩（1 亩 ≈ 667 米^2），渠灌时轮灌周期为 15～20 天，改用管道后，减至 7～10 天，时间缩短近一半。再如某机井灌区进行对比试验，土渠灌溉 6 亩小麦，平均亩次耗电 10.5 千瓦·时，改用软管灌溉后，耗电只有 5.8 千瓦·时。

（三）减少土渠占地

以管代渠一般可比土渠减少占地 7%～13%，提高了土地利用率，对于我国土地资源紧缺的现实来说，其意义极为深远。同时，由于节水，可以大大扩大有效灌溉面积，对于水资源紧缺地区，特别是华北地区会产生很大的社会效益和经济效益。

（四）灌水及时，促进增产增收

管道输水灌溉，输水速度快，缩短灌水周期和灌水时间，供水及时，故有利于适时、适量灌水，更适宜作物用水需要；由于软管灌溉灌水均匀，可大量减少深层渗漏，避免水、肥流失，有利于作物吸收利用；同时，管灌减少了水量损失，不但可扩大灌溉面积或者增加灌水次数，还可改善田间灌水条件，从而有效地满足作物生长的用水需要，促进作物增产，提高单位水量的产量、产值，实现增产增收。实践证明，一般年份可增产 15%，干旱年份增产 20% 以上。低压管道输水灌溉，灌水速度快，还可解决长畦灌水难的问题。

（五）适应性强，便于管理

低压管道输水灌溉系统，由于采用管道化输水，使用灵活方便，可适用于各种地形，可以穿越沟路林渠，可以上坡下沟，能解决局部高地和零散地块以往灌不上水的问题；可适用于各种作物，如小麦、玉米、水稻等；可适用于各种土壤，如黏土、壤土、砂质土等，在盐碱地区，在工程完好的情况下，基本没有渗漏损失，避免因渠道浸水渗水而引起的盐渍化和冷浸田等问题；另外，管道埋于地下，不影响农业机械耕作和田间管理，并减少对交通的影响。

三、低压管道输水灌溉系统的分类

（一）根据各组成部分的可移动程度分类

根据各组成部分的可移动程度分类，低压管道输水灌溉系统一般可分为移动式、固定式和半固定式3种。

1. 移动式

此型除水源外，机泵和输水管道都是可移动的，特别适合与小水源、小机组和小管径的塑料软管配套使用。其优点是一次性成本低、适应性强、使用比较方便；缺点是软管使用寿命短，易被草根、秸秆等划破，在作物（尤其是高秆作物）生长后期灌溉比较困难。

2. 固定式

此型包括的机泵、输配水管道、给配水装置等部分都是固定的，水从管道系统直接进入沟畦进行灌溉。

3. 半固定式

此型的机泵、干（支）管和给水装置等地埋固定，而地面灌管是可移动的。它通过埋设在地下的固定管道将水输送到计划灌溉的地块，然后通过给水栓供水给地面移动管进行灌溉。它具有以上两种形式的优点，是国内外低压管道输水灌溉较常用的一种形式。

（二）根据管网中压力的来源分类

根据管网中压力来源的不同，低压管道输水灌溉系统可分为3种类型。

1. 机压管灌系统

当水源的水面高程低于灌区的地面高程，或虽略高一些但不足以提供灌区进行灌溉所需要的压力时，可通过水泵加压获得管道输水灌溉所需要的压力，实现管网配水和田间灌水，称为机压管灌系统。机压管灌系统由于增设了提水加压设备，致使工程造价提高，而且，需要给水泵机组提供动力，需消耗能量，故运行管理费用较高。井灌区和提水灌区的低压管道输水灌溉系统常采用此种类型。

2. 自压管灌系统

当灌区有较高位置的水源时，即水源的水面高程高于灌区地面高程，如水库、塘坝、渠道、蓄水池等，则可利用地形落差所形成的自然水压，用压力管道引到灌区，获得管道输水灌溉所需要的压力，实现管网配水和田间灌水，称为自压管灌系统。自压管灌系统不用加压设备，工程投资少，见效快，节省能源，运行成本低，特别适宜在引水自流灌区、水库自流灌区和大型提水灌区内田间工程应用。在有地形条件可利用的地方均应首先考虑采用自压灌溉系统。

3. 机压提水自压管灌系统

水源水面高程较低，电力供应与作物需水时间不能统一时，为了避开用电高峰期，或因水源来水与作物需水时间不能统一，需要集蓄水量，常在灌区的上部修建蓄水池，用电低谷或下部水源有水时，用水泵将水提至蓄水池内集蓄，作物灌溉时，利用上部蓄水池中的水进行自压管灌，称为机压提水自压管灌系统。该种方式适用于缺水或电力紧张的山丘区灌区。

第二节　低压管道输水灌溉系统的组成

低压管道输水灌溉系统一般由水源、首部枢纽、输水系统、田间灌水系统、附属建筑物和装置等部分组成。

一、水源

低压管道输水灌溉的水源主要有井、泉、河、渠、水库、湖泊、塘坝以及渠沟等。水源的水质要符合灌溉用水要求。与明渠灌水系统比较，低压管道输水灌溉系统更应注意水质，水中不得含有大量污脏、杂草和泥沙等易于堵塞管网的物质。目前我国低压管道输水灌溉系统以平原井灌区为重点，水质较好，但引河、渠水时，要特别注意沉沙和排淤问题。在自流灌区或大中型抽水灌区以及灌溉水中含有大量杂质的地区建设低压管道输水灌溉系统，引水取水必须设置拦污栅、沉淀池或水质净化处理等设施。

二、首部枢纽

首部枢纽的作用是从水源取水，并进行处理，使水量、水压、水质3个方面符合管道系统与灌溉的要求。在水源有自然落差的地方，应尽量选用自压管灌系统，以节省投资；无自然落差的地方，为使灌溉水具有一定压力，一般是用水泵机组（包括水泵、动力机、传动设备）来加压。可根据用水量和扬程的大小，选择适宜的水泵类型和型号。如离心泵、潜水泵、深井泵等。用于同水泵配套的动力设备有电动机与内燃机（包括柴油机和汽油机），应按照已选择的水泵型号及铭牌规定的功率选配。为使水质能达到要求，含有大量杂质、污物的灌区，需设置拦污栅、沉淀池或水质净化处理等设施；为使用水更合理，还应设量水设施。

三、输水系统

输水系统是由输水管道、管件（三通、四通、弯头和变径接头等）连接成的输水通道。在灌溉面积较大的灌区，输配水管网主要由干管、支管等多级管道组成；在灌溉面积较小的灌区，一般只有单级管道输水和灌水。输水管道按材料不同主要有混凝土管、缸瓦管、水泥沙土管、石棉水泥管、塑料管和一些当地材料等。输配水管网的最末一级管道，可采用固定式地埋管，也可采用地面移动管道。地面移动管道管材目前我国主要选用薄塑软管、涂塑布管，也有采用造价较高的如硬塑管、锦纶管、尼龙管和铝合金管等管材。

四、田间灌水系统

低压管道输水灌溉系统的田间灌水系统可以采用多种形式，可采用以下4种形式。

（1）采用田间灌水管网输水和配水，应用地面移动管道来代替田间毛渠和输水垄沟，并运用退管灌法在农田内进行灌水，即俗称"小白龙"灌溉。这种方式输水损失最小，可避免灌溉水的浪费，而且管理运用方便，也不占地，不影响耕作和田间管理。但其缺点是需要人工拖动管道。

（2）田间输水垄沟部分采用地面移动管道输、配水，而农田内部灌水时仍采用常规畦、沟灌等地面灌水方法。因无须购置大量的田间灌地用软管，因此投资可大为减少。田间移动管可用闸孔管道、虹吸管或一般引水管等，向畦、沟放水或配水。

（3）采用田间输水垄沟输水和配水，并在农田内部应用常规畦、沟灌等地面灌水方法进行灌水。这种方式仍要产生部分田间输配水损失，不可避免地还要产生田间灌水的无益损耗和浪费，劳动强度大，田间灌水工作也困难，而且输水沟还要占用农田耕地。

（4）田间输水垄沟采用地面移动管道输、配水或直接采用田间输水垄沟输水和配水，而农田内部采用波涌流灌溉，波涌流灌溉可采用人工方式，也可采用自动涌流灌溉装置，提高田间水利用率。

五、附属建筑物和装置

由于低压管道输水灌溉系统一般都有 2~3 级地埋固定管道，因此必须设置各种类型的低压管道输水灌溉系统建筑物或装置。依建筑物或装置在低压管道输水灌溉系统中所发挥的作用不同，可把它们划分为以下 10 种类型。

（1）引水取水枢纽建筑物：包括进水闸门或闸阀、拦污栅、沉淀池或其他净化处理建筑物等。

（2）分水配水建筑物：包括干管向支管、支管向各农管分水配水用的闸门或闸阀。

（3）控制建筑物：如各级管道上为控制水位或流量所设置的闸门或阀门。

（4）量测建筑物：包括量测管道流量和水量的装置或水表，量测水压的压力表等。

（5）保护装置：为防止水泵突然关闭或其他事故等发生水击或水压过高或产生负压等致使管道变形、弯曲、破裂、吸扁等现象，以及在管道开始进水时向外排气、泄水时向内补气等，通常均需在管道首部或管道适当位置设置通气孔和排气阀、减压装置或安全阀等。

（6）泄退水建筑物：为防止管道在冬季被冻裂，而在冬季结冻前将管道内余水退净泄空所设置的闸门或阀门。

（7）交叉建筑物：管道若与路、渠、沟等建筑物相交叉，则需设置虹吸管、倒虹吸管或有压涵管等。

（8）田间出水口和给水栓：由地埋输配水暗管向田间畦、沟配水的给水装置，灌溉水流出地面处应设置竖管、出水口；如能连接下一级田间移动管道的，则称给水栓。

（9）管道附件及连通建筑物：管道附件主要采用三通、四通、变径接头、同径接头，以及为连通管道所需设置的井式建筑物。

（10）自动波涌流灌溉装置：主要包括波涌阀、控制器、配水管道及田间布置等部分。

第三节　低压管道输水灌溉系统规划与布置

一、低压管道输水灌溉系统的规划

（一）规划的基本原则

1. 与当地农业建设规划相适应

低压管道输水灌溉系统规划属农田基本建设规划范畴。因此，必须与当地农业区划、农业发展计划、水利规划及农田基本建设规划相适应。在原有农业区划和水利规划的基础上，综合考虑与规划区内沟、渠、路、林、输电线路、引水水源等设施的关系，统筹安排、全面规划，充分发挥已有水利工程的作用。

2. 近期需要与远景发展规划相结合

结合当前的经济状况和今后农业现代化发展的需要，特别是节水灌溉技术的发展要求，如果低压管道灌溉系统有可能改建为喷灌或微灌系统，规划时，干支管应采用符合改建后系统压力要求的管材。这样，既能满足当前的需要，又可避免今后发展喷灌或微灌系统重新更换管材而造成的巨大浪费。

3. 系统运行可靠

低压管道输水灌溉系统能否长期发挥效益，关键在于能否保证系统运行的可靠性。因此，在规划中要对水源、管网布置方案、管材、管件等进行反复比较并严格控制施工质量。做到对每一个环节严格把关，确保整个低压管道输水灌溉系统的质量。

4. 运行管理方便

低压管道输水灌溉系统规划时，应充分考虑工程投入运行后科学的运行管理方案。

5. 力求取得最优规划方案

综合考虑管道系统各部分之间的联系，取得最优规划方案。管道系统规划方案要进行反复比较和技术论证，综合考虑引水水源与管网线路、调蓄建筑物及分水设施之间的关系，力求取得最优规划方案，最终达到节省工程量、减少投资和最大限度地发挥管道系统效益的目的。

（二）规划内容

（1）确定适宜的引水水源和取水工程的位置、规模及形式。在井灌区应确定适宜的井位，在渠灌区则应选择适宜的引水渠段。

（2）确定田间灌溉工程标准，沟畦的适宜长、宽，给水栓入畦方式及给水栓连接软管时软管的合适长度。

（3）选择管网类型、确定管网的布置方案及管网中各控制阀门、保护装置、给水栓及附属建筑物的位置。

（4）拟定可供选择的管材、管件、给水栓、保护装置、控制阀门等设施的系列范围。

二、低压管道输水灌溉系统的布置

（一）管网规划布置

管网规划与布置是管道系统规划中的关键部分。一般管网工程投资占管道系统总投资的70%以上。管网布置的合理与否，对工程投资、运行状况和管理维护有很大影响。因此，对管网规划布置方案应进行反复比较，最终确定合理方案，以减小工程投资并保证系统运行可靠。

1. 规划布置的原则

（1）井灌区的管网宜以单井控制灌溉面积作为一个完整系统。渠灌区应根据作物布局、地形条件、地块形状等分区布置，尽量将压力接近的地块划分在同一分区。

（2）规划时首先确定给水栓的位置。给水栓的位置应当考虑到灌水均匀。若不采用连接软管灌溉，向一侧灌溉时，给水栓纵向间距为40~50米；横向间距一般按80米、100米布置。在山丘区梯田中，应考虑在每个台地中设置给水栓以便于灌溉管理。

（3）在已确定给水栓位置的前提下，力求管道总长度最短。

（4）管线尽量平顺，减少起伏和转折。

（5）最末一级固定管道的走向应与作物种植方向一致，移动软管或田间垄沟垂直于作物种植行。在山丘区，干管应尽量平行于等高线、支管垂直于等高线布置。

（6）管网布置要尽量平行于沟、渠、路、林带，顺田间生产路和地边布置，以利耕作和管理。

（7）充分利用已有的水利工程，如穿路倒虹吸管和涵管等。

（8）充分考虑管道中量水、控制和保护等装置的适宜位置。

（9）尽量利用地形落差实施自压输水。

（10）各级管道尽可能采用双向供水。

（11）避免干扰输油、输气管道及电信线路等。

（12）干、支两级固定管道在灌区内的长度，宜为 90~150 米/公顷。

2. 规划布置的步骤

根据管网布置原则，按以下步骤进行管网规划布置。

（1）根据地形条件分析确定管网类型。

（2）确定给水栓的适宜位置。

（3）按管道总长度最短原则，确定管网中各级管道的走向与长度。

（4）在纵断面图上标注各级管道桩号、高程、给水装置、保护设施、连接管件及附属建筑物的位置。

（5）对各级管道、管件、给水装置等，列表分类统计。

3. 管网布置

管网布置之前，首先根据适宜的畦田长度和给水栓供水方式确定给水栓间距，然后根据经济分析结果将给水栓连接形成管网。下面介绍井灌区管网布置方法。

以井灌区管网典型布置形式为例。当给水栓位置确定时，不同的管道连接形式形成管道总长度不同的管网，因此，工程投资也不同。我国井灌区管道输水管网的布置，可根据水源位置、控制范围、地面坡降、地块形状和作物种植方向等条件，采用如图 2-1~图 2-7 所示的几种常见布置形式。

机井位于地块一侧，控制面积较大且地块近似成方形，可布置成"圭"字形、"π"形，如图 2-1、图 2-2 所示。这些布置形式适合于井出水量 60~100 米^3/时，控制面积 150~300 亩，地块长∶宽≈1 的情况。

机井位于地块一侧，地块呈长条形，可布置成"一"字形、

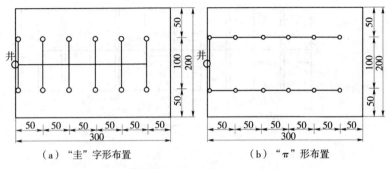

（a）"圭"字形布置　　　　　　　（b）"π"形布置

图 2-1　给水栓向一侧分水示意图（单位：米）

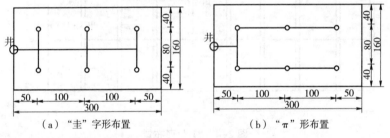

（a）"圭"字形布置　　　　　　　（b）"π"形布置

图 2-2　给水栓向两侧分水示意图（单位：米）

"L"形、"T"形，如图 2-3~图 2-5 所示。这些布置形式适合于井出水量 20~40 米³/时，控制面积 50~100 亩，地块长宽比不大于 3 的情况。

机井位于地块中心时，常采用图 2-6 所示的"H"形布置形式。这种布置形式适合于井出水量 40~60 米³/时，控制面积 100~150 亩，地块长宽比不大于 2 的情况。当地块长宽比大于 2 时，宜采用图 2-7 所示的长"一"字形布置形式。

（二）田间灌水系统布置

田间灌水系统是指给水栓以下的田间沟渠或配水闸管，以及

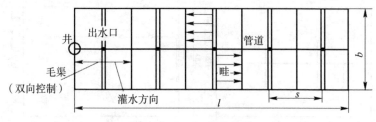

图 2-3　"一"字形布置

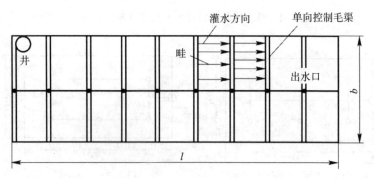

图 2-4　"L"形布置

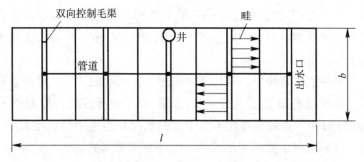

图 2-5　"T"形布置

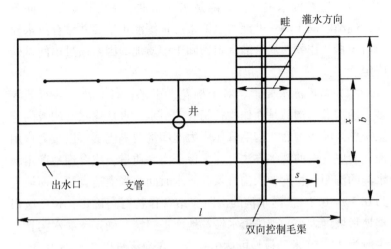

图2-6　"H"形布置

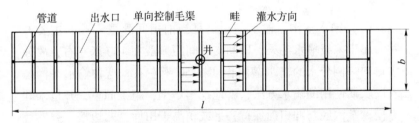

图2-7　长"一"字形布置

灌水沟畦规格等。田间灌水工程标准低是造成灌溉水浪费的重要原因之一。因此，提高田间灌水工程标准是实现作物合理需水要求、提高整个灌溉系统灌水利用系数的一项重要措施。

1. 沟畦灌水规格

田间水利用系数、灌溉水储存率和灌水均匀度是评价灌水质量的主要技术指标。在生产实践中，这些技术指标往往难以形成最佳组合。因此，必须根据当地条件合理确定灌水要素。

（1）畦灌灌水要素。畦灌是水在田面上沿畦田纵坡方向流动，逐渐湿润土壤。畦灌灌水要素应根据灌水定额并结合给水栓出口流量、作物布局、灌水定额和土壤质地等因素通过田间试验确定。

（2）沟灌灌水要素。对于棉花、玉米、薯类及某些蔬菜等多采用沟灌。沟灌是在作物行间开沟引水，水从输水垄沟或闸管系统进入灌水沟后，借毛管作用力湿润沟两侧土壤，以重力作用浸润沟底土壤的灌水方法。为了保证沟灌质量，应合理地确定灌水沟的沟距、长度、入沟流量和放水时间。沟灌适宜的地面坡度为 0.3%~0.8%。灌水沟的沟距应结合作物行距确定，长度应根据地形坡度大小、土壤透水性及地面平整情况确定。灌水沟长度一般为 30~50 米，最长可达 100 米，入沟流量以 0.5~3.0 升/秒为宜。

2. 入沟（畦）输水方式

（1）输水垄沟。输水垄沟仍是当前田间灌溉入畦的主要方式，属于末级输水毛渠。田间支管间距一般在 100 米左右，故分水口向一侧分水的输水垄沟长度在 50 米左右。这种输水垄沟是农民长期使用的输水方法，就地挖沟培土，施工简单，开口入畦方便。垄沟底与畦田面保持齐平或稍高于田面，两边培土夯实且高于沟内水面即可。由于输水距离和时间均较短，故产生的输水渗漏损失比较少。

（2）闸管系统。闸管系统是代替输水垄沟的一种先进的节水灌溉措施，是管道系统较理想的配套形式。这种方法是将闸管系统与给水栓连接，水通过闸管直接进入畦田，避免了输水垄沟的部分渗漏。闸管系统在国外使用较早，材质多为橡胶管、尼龙管和铝管，每隔 0.8 米开一小孔。橡胶管和铝管较短、较重、较贵，尼龙管一般长 120 米左右，管径为 145~400 毫米，用小轮拖

拉机牵引，使用不很方便。我国自行研制的闸管系统每根长 50
米左右，管径 90~160 毫米，每隔 4 米开一小放水孔，重量约 3
千克，人工卷起移动方便，抗渗水、抗撕裂性能较强。

闸管一般与末级输水管道垂直布置，这样可控制较多的畦
田。闸管也可与管道平行布置，实行退管灌水。特殊情况时，可
将数根闸管连接使用，实现远距离输水。

第四节　低压管道系统的施工与运行管理

一、施工与安装

（一）测量放线

按照规划设计图的布置，用经纬仪将管网干、支管线定出。
在管线上，每一出水口设置木桩，管网转折点加设木桩。

（二）管槽开挖

管槽断面形式依土质、管材规格、冻土层深度及施工安装方
法而定。一般采用矩形断面。

管道的埋深，应根据设计计算确定。一般情况下，埋深不应
小于 70 厘米。为减少土方工程量，在满足要求的前提下，管槽
宽、深度应尽量取小值。为了便于施工安装和回填，开挖时弃土
应堆放在基槽一侧并应距离边线 0.3 米以上。在开挖过程中，不
允许出现超挖，要经常进行挖深控制测量。遇到软基土层时，应
将其清除后换土并夯实。

当选用的管材为水泥预制管材时，为避免管道出现不均匀沉
陷，需要沿槽底中轴线开挖一弧形沟槽，变线接触为面接触，以
改善地基压应力状况。槽的弧度要与管身相吻合，其宽度依管外
径不同而各异。基槽和沟槽均应做到底部密实平直、无起伏。另

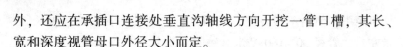

外，还应在承插口连接处垂直沟轴线方向开挖一管口槽，其长、宽和深度视管母口外径大小而定。

一个合格的管槽应沟直底平，宽、深达到设计要求，严禁沟壁出现扭曲，沟底起伏产生"驼峰"，百米高差应控制在±3.0厘米。

二、管道安装的一般要求

（1）管道安装前，应对管材、管件进行外观检查，不合格者不得就位。

（2）管道安装宜按从首部向尾部，从低处向高处，先干管后支管；承插口管材，插口在上游，承口在下游，依次施工。

（3）管道中心线应平直，不得用木垫、砖垫和其他垫块。管底与管基应紧密接触。

（4）管道穿越铁路、公路或其他建筑物时，应加套管或修涵洞等加以保护。

（5）安装带有法兰的阀门和管件时，法兰应保持同轴、平行，保证螺栓自由穿行入内，不得用强紧螺栓的方法消除歪斜。

（6）管道系统上的建筑物，必须按设计要求施工，地基应坚实，必要时应进行夯实或铺设垫层。出地竖管的底部和顶部应采取加固措施。

（7）管道安装应随时进行质量检查。分期安装或因故中断应用堵头将此敞口封闭，不得将杂物留在管内。

三、塑料管道安装

节水灌溉工程常用的塑料管材是硬聚氯乙烯管（PVC-U）、聚乙烯管（PE）和聚丙烯管（PP）。塑料管道的连接方法有承插粘接、柔性承插套接、热熔焊接等。

（一）承插粘接

（1）根据不同的管材，选择合适的黏合剂。

（2）被粘接管端应清除污迹，并进行配合检查。

（3）插头和承口均匀涂上黏合剂，应适时承插，并转动管端，使黏合剂填满间隙。

（4）承插管轴线应重合，插头应插至承口底部。

（5）管子粘接后固化前，管道不得移位。

（6）塑料管连接后放入沟槽中，除接头外，均应覆土20~30厘米。

（二）柔性承插套接

塑料管一头为承口，把被连接管端插入承口内，承口内设密封胶圈止水。其优点是安装迅速、止水效果好。柔性承插套接的要求如下。

（1）密封圈应装入承口密封槽内，不得有扭曲、偏斜现象。

（2）安装困难时，可用肥皂水或滑石粉作润滑剂，也可在管端隔一块木板，轻轻敲打插入。

（3）连接后密封圈不得移位、扭曲或偏斜。

（三）热熔焊接

较大口径的聚氯乙烯管和改性聚丙烯管可用对焊法连接。主要工具是圆形电烙铁和碰焊机。热熔焊接的要求如下。

（1）热熔对接管子的材质、直径和壁厚应相同。

（2）焊接前应将管端锯平，并清除杂质、污物。

（3）应按设计温度加热至充分塑化而不烧焦，加热板应清洁、平整、光滑。

（4）加热板的抽出及合拢应迅速，两管端面应完全对齐，四周挤出树脂应均匀。

（5）冷却时应保持清洁。自然冷却应防止尘埃侵入；水冷却应保持水质清洁；完全冷却前管道不应移动。

（6）对接后，两管端面应熔接牢固，并按 10%进行抽检；若两管端对接不齐应切开重新加工对接。

（四）其他连接方式

对于工作压力较低，或管径较小的管道工程，也可采用热扩承插连接。方法是将插口管端外径挫成坡口，涂上黏合剂；承口管一端（长 15~20 厘米）放入加热的甘油或植物油中（聚氯乙烯管加热油温为 140~160℃，聚丙烯加热油温为 170~180℃），加热软化后的管端迅速用锥形木楔撑口，拔出木楔，将涂上黏合剂的管子插入，宜可用木榔头轻轻敲打插入，插入长度不得小于管外径的 1.5 倍，待冷却后即连接完毕。

（五）阀门安装及与金属管件的连接

（1）金属阀门与塑料管连接，直径大于 65 毫米的管道亦用金属法兰连接。法兰连接管外径大于塑料管内径 2~3 毫米，长度不小于 2 倍的管径，一端加工成倒齿状，另一端牢固焊接在法兰一侧。

（2）将塑料管端加热后及时套装在带倒齿的法兰接头上，并用管箍上紧。塑料管与金属管件的连接可采用同样的方法。

（3）直径小于 65 毫米的可用螺纹连接，并应装活接头。

（4）直径大于 65 毫米以上的阀门应安装在底座上，底座高度宜为 10~15 厘米。

（5）截止阀与逆止阀应按流向标志安装，不得反向。

（六）金属管道安装

（1）金属管道安装前应进行外观质量和尺寸偏差检查，并宜进行耐水压试验，其要求符合铸铁直管及管件、低压流体输送用镀锌焊接钢管、喷灌用金属薄壁管等现行标准的规定。

（2）镀锌薄壁钢管、铝管及铝合金管安装，应按安装使用说明书的要求进行。

（3）铸铁管的安装应按下列规定进行。

①安装前应清除承口内部及插口外部的沥青块及飞刺、铸砂等其他杂质；用小锤轻轻敲打管子，检查有无裂缝，如有裂缝，应予更换。

②管道安装就位后，应在每节管子中部两侧填土，将管道稳固。

③安装后，承插口应填塞，填料采用膨胀水泥或石棉水泥和油麻等。采用膨胀水泥时，填塞深度为接口深度的 2/3，填塞时应分层捣实，压平并及时养护。采用石棉水泥和油麻时，应将油麻拧成辫状填入，麻辫搭接长度应为 10~15 厘米，油麻填入深度应为接口深度的 1/3~1/2，要仔细打紧，然后填石棉水泥（石棉水泥不可太干或太湿，以用手攒成团，松手后散裂为度），分层捣实、打平，并及时养护。

（七）水泥制品管道安装

1. 钢筋混凝土管

对于承受压力较大的钢筋混凝土管可采取承插式连接，连接方式有两种，一种可用橡胶圈密封做成柔性连接，一种用石棉水泥和油麻填塞接口。后一种接口施工方法同铸铁管安装。钢筋混凝土管柔性连接应符合下列要求。

（1）承口向上游，插口向下游。

（2）套胶圈前，承插口应刷干净，胶圈上不得粘有杂物，套在插口上的胶圈不得扭曲、偏斜。

（3）插口应均匀进入承口，回弹就位后，仍应保持对口间隙 10~17 毫米。

（4）在沟槽土壤或地下水对胶圈有腐蚀性的地段，管道覆土前应将接口封闭。

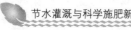
（5）水泥制品管配用的金属管件应进行防锈防腐处理。

2. 混凝土管

对承受压力较小的混凝土管应按下列方法连接。

（1）平口（包括楔口）式接头宜采用纱布包裹水泥砂浆法连接，要求砂浆饱满，纱布砂浆结合严密。严禁管道内残留砂浆。

（2）承插式接头，承口内应抹 1：1 水泥砂浆，插管后再用 1：3 水泥砂浆抹封口。接管时应固定管身。

（3）预制管连接后，接头部位应立即覆 20~30 厘米厚湿土。

四、管道附属装置的施工与安装

（一）出水口的安装

井灌区的管灌工程所用出水口直径一般均小于 110 毫米，可直接将铸铁出水口与竖管承插，用 14 号铁丝把连接处捆扎牢固。在竖管周围用红砖砌成 40 厘米×40 厘米的方墩，以保护出水口不致松动。方墩的基础，要认真夯实，防止产生不均匀沉陷。

河灌区管灌工程采用水泥预制管时，有可能使用较大的出水口。施工安装时，首先在出水竖管管口抹一层灰膏，座上下栓体并压紧，周围用混凝土浇筑使其连成一整体；然后再套一截 0.2 米高的混凝土预制管作为防护，最后填土至地表即可。

（二）分水闸的施工

用于砌筑分水闸的砂浆标号不低于 M10，砖砌缝砂浆要饱满，抹面厚度不小于 2 厘米。闸门要启闭灵活，止水抗渗。

（三）管网首部的施工

安装井灌区水泵与干管间为防止机泵工作时产生振动，可采用软质胶管来连接。在管网首部及管道的各转弯、分叉处，均应砌筑镇墩，防止管道工作时产生位移。

五、工程检验

(一) 管道试压

全部管道安装完毕，管道系统和建筑物达到设计强度后，应对各条管路逐一进行试水。试水前应安装好压力表，检查各种仪表是否正常，并将管网各转折处填土加固，防止充水后压力增大将接头推开漏水。要将末端出水口打开，以利排除管道内的气体。然后向管道内徐徐充水，当整个管道系统全部充满水后，关闭打开的出水口，把管道压力逐渐增至设计压力水头，并保持1小时以上。沿管路逐一进行检查，重点查看接头处是否有渗漏，然后对各渗漏处做好标记，根据具体情况分别进行修补处理。

(二) 塑料管渗漏的处理方法

处理前，应将管中水排除，薄壁聚氯乙烯管材如在非接头处出现裂纹、小孔等造成漏水，可采用打"补丁"的办法加以解决。所用"补丁"的材料应与管材材料相同，长、宽度应略大于裂纹或洞眼的范围，粘接工艺要求如前所述。若裂纹较长，漏水较重或接头处漏水，应将该管段拆除重新安装。双壁波纹管出现漏水，要将漏水段拆除重装。

(三) 水泥预制管材渗漏的处理方法

(1) 轻微渗漏，只需将渗漏处打毛，用清水冲洗干净后，外包一层高等级水泥砂浆或水玻璃水泥浆进行处理即可。

(2) 若漏水情况较为严重，则应将该管段拆除，重新安装。如是管子本身的问题，应予更换。

以上修补工作完毕数日后，还应再次充水检查，直到确认无明显漏水点后再进行回填土。

六、回填土

(一) 塑料管材的回填土

因塑料管的刚度较之水泥预制管小得多,为防止管材变形过大,土料回填时应特别小心,严格控制回填方法、工序和质量,力求使管材的扁平度不超过 5%,回填土的容重接近原状土,以确保和改善管材的水力学性能和力学性能。

(1) 土料要求。含水率适中,不得含有直径大于 2.5 厘米的砖瓦碎片、石块及干硬土块。

(2) 回填顺序。依次为管口槽、管材两侧和管顶上部。

(3) 回填方法。管口槽和管材两侧采用对称夯实法,后用水浸密实法回填,待 1~2 天土料干硬后,再分层回填管顶上部的土料,分层厚度宜控制在 30 厘米左右,层层水浸密实,填土至略高出地表。

(4) 施工要求。土料回填前应先将管道充满水并使其承受一定的内水压力;夏季施工宜在气温较低的早晨或傍晚回填,以防止填土前后管道温差过大,对连接处产生不利影响。

(二) 水泥预制管的回填土

土料回填应该先从管口槽开始,边回填边夯实。分层回填到略高出地表为止。每层回填土厚度不宜大于 0.3 米。视土质情况,回填土料的密实可分别采用夯实法和水浸密实法。

七、工程验收

工程施工结束后,应由主管部门组织设计、施工、使用单位成立工程验收小组,对工程进行全面检查验收。工程未验收移交前,应由施工单位负责管理和维护。

工程验收前应提交下列文件:规划设计报告和图纸、工程预算和决算、试水和试运行报告、施工期间检查验收记录、运行管理规程和组织、竣工报告和竣工图等。

管灌工程的验收，应包括下列内容。

（1）审查技术文件是否齐全，技术数据是否正确、可靠。

（2）审查管道铺设长度、管道系统布置和田间工程配套、管道系统试水及试运行情况是否达到设计要求；机泵选配是否合理、安装是否合格；建筑物是否坚固。

（3）工程验收后应填写《工程竣工验收证书》，由验收组负责人签字，加盖设计、施工、使用单位公章，方可交付使用。

八、运行管理

工程建成后，效益能否充分发挥，关键在于管理。管道灌溉工程的运行管理主要包括组织管理、灌溉用水管理和工程管理等内容。

（一）组织管理

管道灌溉工程的管理运行首先应建立管理组织。管理体制的具体形式，一般实行专业管理和群众管理相结合、统一管理和分级负责相结合的形式。组织管理可具体归纳为"分级管理、分区负责、专业承包、责任到人"的组织管理办法。可由当地水利主管部门成立领导小组，具体指导县（区）管道灌溉工程的规划设计、施工、并制定详细的维修养护及运行管理细则；行政村设"灌溉服务站"，统管全村管道灌溉工作。可由村委会负责人兼任服务站站长，设myös水利员、农机员、农电员等成员，其主要任务是执行上一级制定的工程维修养护及运行管理细则，协调灌区内作物种植安排及征收水费等工作。各灌区设灌水管理员，实行村灌溉服务站领导下的管理员负责制。管理员由村民组推选出责任心强、有文化、懂技术的农民担任。管理员同时也是一名机手，其具体任务是：管理和使用管道系统及配套建筑物，保证完好能用；按编制好的用水计划及时开机，保证作物适时灌溉；按操作规程开机放水，保证安全运行；按时记录开、停机时间，水泵出水量变化，能耗及浇地亩数等。

管理体制有多种形式，但无论哪种形式都应做到层层责、权、利明确，报酬同管理质量、效益挂钩，逐级签订合同。

（二）灌溉用水管理

灌溉用水管理的主要任务，是通过对管道灌溉系统中各种工程设施的控制、调度、运用，合理分配与使用水源的水量，并在田间推行科学的灌溉制度和灌水方法，以达到充分发挥工程作用，合理利用水资源，促进农业高产稳产和获得较高的经济效益的目的。

1. 合理灌溉、计划用水

灌区管理部门应根据灌区所在地区的试验资料和当地丰产灌溉的经验，制订各种作物的灌溉制度。然后，结合水源可供给的水量、作物种植面积、气象条件、工程条件等，制订灌水次数、灌水定额、每次灌水所需的时间及灌水周期、灌水秩序、计划安排等。同时，在每次灌水之前还要根据当时作物生长及土壤墒情的实际情况，对计划加以修正。

2. 灌水计划实施措施

（1）建立健全用水管理组织和制度。为了加强管理，必须建立健全用水管理组织和制度，实行"统一管理，统一浇地""计划供水，按方收费"的办法，管好工程，用好水。

（2）平整土地、调整作物布局。农村实行农业生产承包责任后，地块零散。为保证灌水计划的有效实施，应对灌区内的承包耕地进行合理调整，并尽可能连片种植同一作物。

（3）推广田间节水技术。管灌工程的田间灌水技术应克服传统的大水漫灌的落后灌水方法，推广节水灌水技术，实行小定额灌溉。

（4）及时定额征收水费。管灌工程可实行"以亩定额配水，以水量收费，超额加价收费"的用水制度。这样可促使群众自觉平整土地，搞好田间工程配套，采用灌溉新技术，节约用水。

（5）合理的配水顺序。在配水顺序上，应做到先浇远田，后浇近田；先灌成片，后灌零星田；先急用，后缓用等用水原则。

（6）管理人员培训。为了用好、管好管灌工程，提高管理水平，应加强管理人员的技术培训和职业道德教育。

3. 建立工程技术档案

为了评价工程运行状况，提高管理水平和进行经济核算，应建立工程技术档案和运行记录制度，及时填写机泵运行和田间灌水记录表。每次灌水结束后，应观测土壤含水率、灌水均匀度、湿润层深度等指标。根据记录进行有关技术指标的统计分析，以便积累灌水经验，修改用水计划。

(三) 工程管理

工程管理的基本任务是保证水源、机泵、输水管道及建筑物的正常运行，延长工程设备的使用年限，发挥最大的灌溉效益。

1. 水泵的运行与维修

在开机前应对机泵进行一次全面、细致的检查，检查各固定部分是否牢固、转动部分是否灵活；开机后应观察出水量、轴承温度、机泵运转声音及各种仪表是否正常，如不正常或出现了故障，应立即检修；停机后，要打开泵壳下面的放水塞，把水放净，防止水泵冻坏或锈蚀。

2. 管道的运行与维修

埋设田间的管道，由于施工质量的缺陷、不均匀沉陷、农用机械碾压等原因，可能会损坏漏水。发现漏水应立即进行修补。

（1）固定管道的运行与维修。在管道充水和停机时，由于水锤作用，管道压力会急剧上升或下降，易发生炸管。因此，应严格按照管道安全运行程序操作。具体应注意以下几点。

①开机时，严禁先开机后打开出水口。应首先打开计划放水的出水口，必要时还应打开管道上的其他出水口排气，然后开机缓慢充水。当管道充满水后，应缓慢关闭作为排气用的其他出水口。

②当同时开启的一组出水口灌水结束，需开启下一组出水口时，应先打开后一组出水口，再缓慢关闭前一组出水口。

③管道停止运行时，应先停机，后关出水口。

（2）移动塑料软管的使用与维修。田间使用的软管，由于管壁薄，经常移动，使用时应注意以下事项。

①使用前，要认真检查管子的质量，并铺平整好管路线，以防尖状物扎破软管。

②使用时，管子要铺放平整，严禁拖拉，以防破裂。

③软管输水过沟时，应架托保护，跨路应挖沟或填土保护，转弯要缓慢，切忌拐直角弯。

④用后清洗干净，卷好存放。

软管使用中发现损坏，应及时修补。若出现漏水，可用塑料薄膜补贴，也可用专用黏合剂修补。软管应存放在空气干燥、温度适中的地方；软管应平放，防止重压和磨坏软管折边；不要将软管与化肥、农药等放在一起，以防软管黏结。

第三章 喷灌技术

第一节 喷灌技术概述

一、喷灌的概念

喷灌是喷洒灌溉的简称，它是利用加压设备将灌溉水源加压或利用地形落差将灌溉水通过管网输送到灌溉地段，经喷头喷射到空中，分散成细小的水滴，均匀喷洒在农田或作物叶面，为作物正常生长提供必要水分条件的一种先进灌水方法。

二、喷灌的优点和适用范围

（一）喷灌的优点

与地面灌溉相比，喷灌具有节约用水、节省劳力、少占耕地、对地形和土质适应性强、能保持水土等优点，因此被广泛应用于大田作物、经济作物、蔬菜和园林草地等。喷灌可以根据作物需水的状况，适时适量地灌水，一般不产生深层渗漏和地面径流，喷灌后地面湿润比较均匀，均匀度可达 0.8~0.9。由于用管道输水，输水损失很小，灌溉水利用系数可达 0.9 以上，比明渠输水的地面灌溉省水 30%~50%。在透水性强、保水能力差的土地，如砂质土，省水可达 70% 以上。由于喷灌可以采用较小的灌水定额进行浅浇勤灌，因此能严格控制土壤水分，保持肥力，保护土壤表层的团粒结构，促进作物根系在浅层发育，以充分利用土壤表层养分。喷灌还可以调节田间小气候，增加近地层空气湿度，在高温季节起到降温作用，而且能冲掉作物茎叶上的尘土，有利于作物的呼吸作用和光合作用，故有明显的增产效果。

（二）喷灌的适用范围

喷灌几乎适用于灌溉所有的旱作物，如谷物、蔬菜、果树等，也适用于透水性弱的土壤。喷灌不仅可以灌溉农作物，也可以灌溉园林、花卉、草地，还可以用来喷洒肥料、农药，同时具有防霜冻、防暑、降温和降尘等作用。据统计，我国适宜发展喷灌的面积约 0.2 亿公顷。但为了更充分发挥喷灌的作用，取得更好的效果，应优先应用于以下地方或地区。

（1）经济效益高，连片、集中管理的作物。

（2）地形起伏大或坡度较陡、土壤透水性较强，采用地面灌溉比较困难的地方。

（3）灌溉水资源不足或高扬程灌区。

（4）需调节田间小气候的作物，包括防干热风和防霜冻的地方。

（5）劳动力紧张或从事非农业劳动人数较多的地区。

（6）水源有足够的落差，适宜修建自压喷灌的地方。

（7）不属于多风地区或灌溉季节风不大的地区。

三、喷灌的分类

按照不同的分类标准，喷灌系统形式有很多。

（一）按照喷灌压力获得方式分类

按照喷灌压力获得的方式，喷灌系统主要分为机压喷灌系统和自压喷灌系统。

1. 机压喷灌系统

机压喷灌系统主要依赖动力机械（如水泵）来获取所需的

喷灌压力。这种系统通常适用于水源压力不足或地形复杂的地区，通过机械增压，可以确保水能够均匀、稳定地喷洒到作物上。

2. 自压喷灌系统

自压喷灌系统则利用自然水头（如水库、河流等）的压力进行灌溉。这种系统不需要额外的动力设备，运行成本较低，但受到水源压力的限制，可能无法满足一些特殊地形或作物的灌溉需求。

（二）按照喷灌机组的喷洒特征分类

按照喷灌机组的喷洒特征，喷灌系统分为定喷机组式喷灌系统和行喷机组式喷灌系统。

1. 定喷机组式喷灌系统

定喷机组式喷灌系统采用固定位置的喷头进行喷洒，适用于均匀分布的作物种植模式。这种系统可以确保每个区域都能得到足够的灌溉量，但可能存在部分重叠或遗漏区域。

2. 行喷机组式喷灌系统

行喷机组式喷灌系统则通过移动的喷头或喷灌车进行喷洒，可以沿着作物行进行精确灌溉。这种系统适用于行距较大的作物种植模式，如玉米、棉花等。行喷机组式喷灌系统可以节省水资源并提高灌溉效率。

（三）按照管道可移动程度分类

按照管道可移动程度，喷灌系统又可分为固定式喷灌系统、移动式喷灌系统和半固定式喷灌系统。

1. 固定式喷灌系统

除喷头外，固定管道式喷灌系统的水泵、动力设备、干管和支管都是固定的。竖管一般也是固定的，但也可以是可拆卸的，根据轮灌计划，喷头轮流安设在竖管上进行喷洒。固定管道式喷灌系统操作使用方便，易于维修管理，易于保证喷洒质量。缺点是管材用量多，工程投资大，设备利用率低，竖管对耕作有一定妨碍。因此，固定式喷灌多用于灌水频繁、经济价值高的蔬菜、果园、经济作物或园林工程中。

2. 移动式喷灌系统

除水源工程外，移动管道式喷灌系统的水泵、动力设备、各级管道、喷头均可拆卸移动。喷灌系统工作时，在一个田块上作业完成，然后转到下一个田块作业，轮流灌溉。这种喷灌系统的优点是设备利用率高，管材用量少，投资较低。缺点是设备拆装和搬运工作量大，劳动力投入多，而且设备拆装时容易破坏作物。

3. 半固定式喷灌系统

半固定式喷灌系统的管道可移动程度介于以上两种灌溉系统之间，其喷头和支管是可以动的，其他部分都是固定的，干管埋入地下。在干管上装有许多给水栓，喷灌时将支管连接在干管给水栓上，再在支管上安装竖管及喷头，喷洒完毕再移接到下一个给水栓上继续喷灌。这种喷灌系统由于支管可以移动，减少了支管数量，节省了管材，提高了设备利用率，降低了系统投资，当然与固定式喷灌相比其运行起来麻烦一些。

第二节　喷灌系统的组成

喷灌系统一般由水源工程、水泵和动力设备、输配水管道系统、喷头以及附属设备、附属建筑物组成。

一、水源工程

喷灌系统的水源一般采用地表水，在地表水缺乏的情况下也可采用地下水。地表水通常取自河流、湖泊、水库、塘堰和渠道水等，地下水通常取自井水或泉水。喷灌的建设投资较高，水源应满足喷灌在水量和水质方面的要求。对于轻小型喷灌机组，应设置满足其流动作业要求的配套工程。

二、水泵和动力设备

除利用自然水头以外，喷灌系统的工作压力均需由加压水泵提供，常用的加压水泵有离心泵、长轴井泵、潜水电泵等。与水泵配套的动力设备一般采用电动机，缺乏电源时可采用柴油机或汽油机。轻小型喷灌机组为移动方便通常采用喷灌专用自吸泵并以柴油机、汽油机等带动。

三、输配水管道系统

输配水管道系统的作用是将有压水流按灌溉要求输送并分配到田间各个喷水点。管道系统一般包括干管、支管和竖管以及管道附件，为利用喷灌设施施肥和喷洒农药，可在管网首部配置肥、药储存罐及注入装置。管道根据铺设状况可分为地埋管道和地面移动管道，地埋管道一般应埋于当地冻土层深度以下，地面移动管则按灌水要求沿地面铺设。部分喷灌机组的工作管道往往和行走部分结合为一个整体。

四、喷头

喷头的作用是将管道内的有压集中水流喷射到空中，形成众多细小水滴，洒落到田间的一定范围内补充土壤水分。喷头的形式多种多样，但是对喷头的基本要求都是能够雾化不损伤作物叶面、合理的水量分布使田间灌溉均匀、喷洒水量应适应土壤入渗能力而不产生径流。

五、附属设备与附属建筑物

为了使喷灌系统能够正常运行，喷灌工程中还需要一些附属设备和附属建筑物。常用的附属设备有进排气阀、调压阀、减压阀、安全阀、泄水阀、压力表、伸缩节等，常用的附属建筑物有镇墩、支墩、减压池等。

第三节　喷灌系统的规划与布置

一、基本资料的调查

基本资料的调查如下。

（1）地形资料。获得全灌区 1/1 000~1/500 的地形图，地形图上应标明行政区划、灌区范围以及现有水利设施、道路的布局等。以此了解水源情况，确定灌区部位、范围、水泵位置及高程；设计管路或渠道网以及道路的布局和尺寸，按合理的耕作方向，拟定喷灌系统的作业方式等。

（2）气象资料。主要收集气温、地温、降水、风速、风向等与喷灌有密切关系的农业气象资料。气温和降水主要作为确定作物需水量和制定灌溉制度依据，而风速和风向则是确定支管布置方向和确定喷灌系统有效工作时间所必需的。所以，气象资料主要用于分析确定喷灌任务、喷灌制度、喷灌的作业方法、田间喷灌网的合理布局。

（3）土壤资料。一般应了解土壤的质地、土层厚度、田间持水量和土壤渗吸速度等。土壤的持水能力和透水性是确定喷灌水量和喷灌强度的重要依据。喷灌系统的组合喷灌强度应该小于土壤入渗强度。

（4）水文及水文地质资料。主要包括水源的历年水量、水位及变化特征以及水温和水质（含盐量、含沙量和污染情况）等，分析可供水量和保证率。平原地区采用地下水作为喷灌水源时，还要对地下水埋深、允许地下水位下降速度及相应的允许开采水量等资料进行准确的分析或试验。

（5）作物种植情况及群众高产灌水经验。必须了解灌区内各种作物的种植结构、轮作情况、种植密度、种植方向以及与开展喷灌有关的农业种植、耕作的现状与存在问题，确定主要喷灌作物和喷灌任务，并要重点了解各种作物现行的灌溉制度以及当地群众高产灌水经验，作为拟定喷灌制度（包括喷灌时间、次数、每次喷水量和总用水量）的依据。

不同作物在不同生育期的耗水量随各生育阶段中耗水和气候条件不同而有差别，设计时采用喷灌作物耗水最旺时期平均日耗水量为准（以毫米/天计）。

（6）动力和机械设备资料。要了解当地有关喷头、管材、工程材料、动力及机械设备（水泵、拖拉机、柴油机、电动机、变压器、汽油机等）的数量、规格、价格、供应情况及使用情况，以便在设计时考虑尽量利用现有设备。了解电力供应情况、电费和可取得电源的最近地点，便于制订预算以及进行经济比较。

（7）其他资料。喷灌区所在地的农业区划、水利规划、现有劳动力耕种技术水平、社会经济状况、当地群众的年平均收入、管理体制等。

二、喷灌系统规划布置

（一）喷灌系统形式

根据当地地形情况、作物种类、经济及设备条件，考虑各种形式喷灌系统的特点，选定灌溉系统形式。在喷灌次数多、经济价值高的作物种植区（如蔬菜区），可多采用固定式喷灌系统；大田作物喷灌次数少，宜多采用移动式和半固定式喷灌系统，以提高设备利用率；在有自然水头的地方，尽量选用自压喷灌系统，以降低动力设备的投资和运行费用；在地形坡度太陡的丘陵山区，移动喷灌设备困难，可优先考虑采用固定式。

（二）喷头组合方式

喷头组合形式的确定是喷灌系统设计的关键步骤。当前普遍采用的确定喷头组合间距的方法有如下几种。

（1）经验法。这是基于长期实践经验和地区特点来确定喷头组合间距的方法。通常，根据作物的种植行距、喷头的射程以及地形条件等因素，选择适当的喷头间距。这种方法简单易行，但可能缺乏精确性，特别是在复杂地形或特殊作物种植模式下。

（2）水量平衡法。这种方法基于水量平衡的原理，通过计算每个喷头在单位时间内喷洒的水量，确保整个灌溉区域内水量分布的均匀性。首先，确定喷头的流量和射程，然后根据作物需水量和灌溉时间，计算所需的喷头数量和间距。这种方法能够较准确地满足作物的灌溉需求，但计算过程可能较为复杂。

（3）作物生长需求法。这种方法根据作物的生长需求和灌溉制度来确定喷头组合间距。首先，分析作物的生长阶段、根系分布以及需水量等特征，然后结合灌溉制度（如灌溉频率、灌溉量等），确定合适的喷头间距和组合形式。这种方法能够充分考虑作物的实际需求，实现精准灌溉。

（4）计算机模拟法。随着计算机技术的发展，越来越多的灌溉系统设计采用计算机模拟方法进行喷头组合间距的确定。通过专业的灌溉设计软件，可以建立灌溉区域的数字模型，模拟不同喷头组合形式下的灌溉效果。通过比较模拟结果，可以选择最优的喷头组合间距和形式。这种方法具有较高的准确性和灵活性，但需要一定的专业知识和操作技能。

在实际应用中，可以根据具体情况选择合适的方法来确定喷头组合间距。同时，还需要考虑喷头的型号、性能以及与其他灌溉设备的兼容性等因素，以确保整个喷灌系统的正常运行和高效灌溉。

（三）管道系统的布置

固定式、半固定式喷灌系统，视灌溉面积大小对管道进行分级。面积较小时一般布置成干管和支管两级。面积大时管道可布置成干管、分干管、支管3级或总干管、干管、分干管和支管4级等多级。支管是田间末级管道，支管上安装喷头。

（四）管材的选择

可用于喷灌的管道种类很多，应该根据喷灌区的具体情况，如地质、地形、气候、运输、供应以及使用环境和工作压力等条件，结合各种管材的特性及适用条件进行选择。对于地埋固定管道，可选用钢筋混凝土管、钢丝网水泥管、石棉水泥管、铸铁管和硬塑料管。用于喷灌地埋管道的塑料管，最好选用硬聚氯乙烯管。对于口径150毫米以上的地埋管道，硬聚氯乙烯管在性能价格比上的优势下降，应通过技术经济分析选择合适的管材。对于地面移动管道，则应优先采用带有快速接头的薄壁铝合金管。塑料管经常暴露在阳光下使用，易老化，使用寿命短，因此，地面移动管最好不采用塑料管。

第四节 喷灌系统的施工与运行管理

一、喷灌系统的施工安装

（一）施工安装要求及准备

1. 施工要求

（1）深入现场，了解施工区情况，分析工作条件，编写施工计划。

（2）施工必须按批准的设计进行，需修改设计或变更工程材料时，应提前与设计单位协商研究，并经上级主管部门审批后实施。

（3）施工涉及工种较多，需加强协作，按工序有计划施工。

（4）全面了解专用设备结构特点及用途，严格按照技术要求安装。

（5）保证质量，按期完工。

2. 施工准备

（1）全面熟悉喷灌工程的设计文件。

（2）编制施工计划，包括施工人员组织、施工顺序、用工计划、材料与设备供应计划、进度、质量和安全措施。

（3）核查设备器材。

（4）准备施工与安装工具。

（二）工程施工与安装

1. 施工放线与土石方开挖

（1）施工放线。根据设计图纸标定的工程部位，按照由整体到局部、先控制总体后控制细部的原则放线。较大工程系统现场应设置施工测量控制网，并应保留到施工完毕。标定机组与设备安装位置，管线70米设计标桩，在分水、转弯、变位处加桩号。

（2）首部枢纽基础开挖。根据放线标桩、设计高程开挖土石方。

（3）管槽开挖。依照放线中心和设计槽底高程开挖，开挖槽口宽应大于40厘米，挖深上管线应低于常用农机耕作极限值深度。

地形有较大变化处，如管材弯曲弯转时，管沟应尽可能平滑过渡，做到弯曲顺畅。

沟底有不易清除的块石等坚硬物体或地基为岩石，半岩石或砾石时，应铲除至设计标高以下 0.15～0.2 米，然后铺上沙土整平。

2. 首部枢纽的安装

由于泵房实际空间与设计安装结构不同，故在具体确定各部件所放位置后，再进行整体安装。

3. 管道安装、镇墩与阀门井施工

（1）管道安装。管道粘接应遵守下列规则。

①粘接作业必须在无风沙条件下进行。

②检查管材、管件质量，并准备如下工具：锯或切割机、锉、笔、尺、棉纱或干布、毛刷、润滑剂、拉紧器、塞尺。

③粘接的管道，在施工中被切断时，需将插口处倒角。切断管材时，应保证断口平整且垂直管轴线。倒完角后，应将残屑清除干净。

④管材或管件在粘接前，要用棉纱或干布将承口内侧和插口外侧擦拭干净，使粘接面保持清洁，无尘沙和水迹。当表面粘有油污时，需用棉纱蘸丙酮等清洁剂擦净。

⑤工作暂停或休息时，一切管口均需用盖遮牢，以防不洁之物进入管内。水管装接完后尚未试压前，应将管身部分先行覆土以求保护。

（2）镇墩施工。

①各级管道端点、弯头、三通及管道截面变化处均应设置混凝土镇墩，管道平面弯曲其角度大于 10° 的拐点两端 2 米以内应做混凝土镇墩；管道垂直弯曲角度大于 5° 的拐点两端 5 米以内及坡长大于 30 米的管道中点均应设置混凝土镇墩。

②各镇墩处应夯实地基，特别是在斜坡外地基应可靠，以免镇墩下沉给管道产生附加重力而破坏管道。

③各镇墩受力面不应小于 900 厘米^2, 镇墩四周的土层必须加以夯实。

④排气阀、放水阀等处必须做可卸式固定。

二、喷灌系统的运行管理

(一) 运行管理的一般规定

(1) 喷灌工程必须对每种设备按产品说明书规定和设计条件分别编制正确的操作规程和运行要求。

(2) 喷灌工程应按设计工作压力要求运行。

(3) 喷灌工程应在设计风速范围内作业。

(4) 应认真做好运行记录, 内容应包括: 设备运行时间、系统工作压力和流量、能源消耗、故障排除、收费、值班人员及其他情况。

(二) 动力机的运行管理

(1) 电动机启动前应进行检查, 并应符合下列要求。

①电气接线正确, 仪表显示正位。

②转子转动灵活, 无摩擦声和其他杂音。

③电源电压正常。

(2) 电动机应空载 (或轻载) 启动, 待电流表示值开始回降方可投入运行。

(3) 电动机正常工作电流不应超过额定电流; 如遇电动机温度骤升或其他异常情况, 应立即停机排除故障。

(4) 电动机外壳应接地良好。配电盘配线和室内线路应保持良好绝缘。电缆线的芯线不得裸露。

(5) 柴油机启动前应进行检查, 并应符合下列要求。

①零部件完整, 连接紧固。

②机油油位适中, 冷却水和柴油充足, 水路、油路畅通。

③用辅机启动的柴油机，辅机工作可靠。

（6）柴油机的用油应符合要求，严禁使用未经过滤的机油和柴油。

（7）柴油机经多次操作不能启动或启动后工作不正常，必须排除故障后再行启动。

（8）对于水冷式柴油机，启动后应怠速预热，然后缓慢增加转速，宜在冷却水温度达到60℃以上、机油温度达到45℃时满负荷运转。

（9）柴油机运转中，仪表显示应稳定在规定范围内，无杂音，不冒黑烟。

（10）严禁取下柴油机空气滤清器启动和运行，严禁在超负荷情况下长时间运转。

（11）柴油机事故停车时，除应查明事故原因和排除故障外，还应全面检查各零部件及其连接情况，待确认无损坏、连接紧固时，方可按柴油机启动步骤重新启动。

（12）柴油机正常停车时，应先去掉负荷，并逐渐降低转速。对于水冷式柴油机，宜在水温下降到70℃以下停车。当环境温度低于5℃，停车后水温降低到30～40℃时方可放净冷却水。

（13）柴油机应定期检查调速器。若发生飞车，可松开减压拉杆或高压油管接头，或堵死空气滤清器，强行停车。

（三）水泵的运行管理

（1）水泵启动前应进行检查，并应符合下列要求。

①水泵各紧固件无松动。

②泵轴转动灵活，无杂音。

③填料压盖或机械密封弹簧的松紧度适宜。

④采用机油润滑的水泵，油质洁净，油位适中。

⑤采用真空泵充水的水泵，真空管道上的闸阀处于开启位置。

⑥水泵吸水管进口和长轴深井泵、潜水电泵进水节的淹没深和悬空高达到规定要求。

（2）潜水电泵严禁用电缆吊装入水。

（3）自吸离心泵第一次启动前，泵体内应注入循环水，水位应保持在叶轮轴心线以上。若启动3分钟不出水，必须停机检查。

（4）长轴深井泵启动前，应注入适量的预润水，对用于静水位超过50米的长轴深井泵，应连续注入预润水，直至深井泵正常出水。相邻两次启动的时间间隔不得少于5分钟。

（5）离心泵应关阀启动，待转速达到额定值并稳定时，再缓慢开启闸阀。停机时应先缓慢关阀。

（6）水泵在运行中，各种仪表读数应在规定范围内。填料处的滴水宜调整在 10~30 滴/分。轴承部位温度宜在 20~40℃，最高不得超过 75℃。运行中如出现较大振动或异常现象，必须停机检查。

（四）调压罐的运行管理

（1）调压罐运行前应进行检查，并应符合下列要求。

①传感器、电接点压力表等自控仪器完好，线路正常，压力预置值正确。

②控制阀门启闭灵活，安全阀、排气阀动作可靠。

③充气装置完好。

（2）运行中必须经常观察罐体各部位，不得有泄气、漏水现象。

（五）施肥装置的运行管理

（1）施肥装置运行前应进行检查，并应符合下列要求。

①各部件连接牢固，承压部位密封。

②压力表灵敏，阀门启闭灵活，接口位置正确。

（2）应按需要量投肥，并按使用说明进行施肥作业。

（3）施肥后必须利用清水将系统内的肥液冲洗干净。

（六）过滤器的运行管理

（1）过滤器运行前应进行检查，并应符合下列要求。

①各部件齐全、紧固，仪表灵敏，阀门启闭灵活。

②开泵后排净空气，检查过滤器，若有漏水现象应及时处理。

（2）对于旋流水沙分离器，在运行期间应定时进行冲洗排污。

（3）对于筛网、沙过滤器、叠片式过滤器，当前后压力表压差接近最大允许值时，必须冲洗排污。

（4）对于筛网和叠片式过滤器，如冲洗后压差仍接近最大允许值，应取出过滤元件进行人工清洗。

（5）对于沙过滤器，反冲洗时应避免滤沙冲出罐外，必要时应及时补充滤沙。

（七）移动管道的运行管理

（1）管道使用前应逐节进行检查，管和管件应齐全、清洁、完好；止水橡胶圈应洁净、具有弹性。

（2）管道的铺设应从进水口开始逐级进行。管接头的偏转角不应超过规定值。竖管应稳定直立。

（3）运行中管道不应漏水。

（4）支管移位应按轮灌次序进行。在前一组（或几组）支管运行时，应安装好后一组（或几组）支管。轮换时，支管阀门应先开后关。

（5）管道搬移前，应放掉管内积水，拆成单根。搬移时，严禁拖拉、滚动和抛掷。软管应盘卷搬移。

（6）在拆装、搬移金属管道时，严禁触及输电线路。

（八）喷头的运行管理

（1）喷头安装前应进行检查，并应符合下列要求。

①零件齐全，连接牢固，喷嘴规格无误。

②流道通畅，转动灵活，换向可靠。

（2）喷头运转中应进行巡回监视，发现下列情况应及时处理。

①进口连接部位和密封部位漏水。

②不转或转速过快、过慢。

③换向失灵。

④喷嘴堵塞或脱落。

⑤支架歪斜或倾倒。

⑥喷射水流严禁射向输电线路。

第四章　微灌技术

第一节　微灌技术概述

一、微灌的概念

微灌是按照作物生长所需的水和养分，利用专门设备加压或自然水头，再通过低压管道系统与安装在末级管道上的灌水器，将水和作物生长所需的养分以较小的流量，均匀、准确地直接输送到作物根部附近土壤的一种灌水方法。与传统的全面积湿润的地面灌和喷灌相比，微灌只以较小的流量湿润作物根区附近的部分土壤，因此，又称为局部灌溉技术。

二、微灌的优点和适用范围

（一）微灌的优点

1. 省水

因全部由管道输水，基本没有沿程渗漏和蒸发的损失，灌水时一般实行局部灌溉，不易产生地表径流和深层渗漏，水的利用率比其他灌水方法高，比地面灌省水50%~70%，比喷灌省水15%~20%。

2. 节能

在50~150千帕的低压下运行，工作压力比喷灌低得多，又因省水显著，相对提水灌溉来说节能也更为显著。

3. 灌水均匀

能有效地控制压力，使每个灌水器的出水量基本相等，均匀度可达 80%～90%。

4. 增产

能为作物生长提供良好的条件，较地面灌溉一般可增产15%～30%，并能提高农产品的品质。

5. 适应性强

适用于山丘、坡地、平原等地形灌溉，不需平整土地。可调节灌水速度以便适应不同性质的土壤。

6. 可利用咸水

能用含盐量 2～4 克/升的咸水灌溉，但在干旱或半干旱地区咸水灌溉的末期应用淡水进行灌溉洗盐。

7. 省工

不需要平地、开沟打畦，可实现自动控制，不用人工看管。由于常用作局部灌溉，相当部分土地在灌溉时不被湿润，杂草不易生长，减少除草工作量。

（二）微灌的适用范围

微灌的灌水器孔径很小，最怕堵塞。故对微灌的用水一般都应进行净化处理，先经过沉淀除去大颗粒泥沙，再进行过滤，除去细小颗粒的杂质等，特别情况还需要进行化学处理。由于微灌只湿润作物根区部分土壤，会引起作物根系因趋水性而集中向湿润区生长，造成根系发育不良，甚至发生根系堵塞灌水器出孔的情况，故在干旱地区微灌果树时，应将灌水器在平地上布置均匀，并最好采用深埋式。为防止鼠类咬坏塑料输水管，应将管道埋入鼠类活动层以下约距地面 80 厘米处。

微灌适用于所有的地形和土壤，特别适用于干旱缺水的地区，我国北方和西北地区是微灌最有发展前景的地方。南方丘陵区的经济作物因常受季节性干旱也很适宜微灌。北方的苹果宜采用滴灌、微喷灌；北方和西北的葡萄、瓜果采用滴灌最理想；南方的柑橘、茶叶、胡椒等经济作物及苗木、花卉、食用菌等宜采用微喷灌；大田作物如小麦、玉米等宜采用移动式滴灌。

三、微灌的分类

（一）按照配水管道在灌水季节中是否移动来分类

按照配水管道在灌水季节中是否移动，每一类微灌系统又可分为固定式、半固定式和移动式。

1. 固定式微灌系统

各个组成部分在整个灌水季节都是固定不动的，干管、支管一般埋在地下，根据条件，毛管有的埋在地下，有的放在地表或悬挂在离地面一定高度的支架上。固定式微灌系统常用于经济价值较高的经济作物。

2. 半固定式微灌系统

首部枢纽及干、支管是固定的，毛管连同其上的灌水器是可以移动的。根据设计要求，一条毛管可以在多个位置工作。

3. 移动式微灌系统

各组成部分都可移动，在灌溉周期内按计划移动安装在灌区内不同的位置进行灌溉。移动式微灌系统提高了微灌设备的利用率，降低了单位面积微灌的投资，但操作管理比较麻烦，适合在经济条件较差的地区使用。

（二）按照灌水器的不同分类

按照灌水器的不同，微灌系统可分为滴灌系统、微喷灌系统、涌灌系统以及渗灌系统等。

1. 滴灌

滴灌是利用塑料管道将水通过直径约 10 毫米毛管上的灌水器（滴头或滴灌带等）送到作物根部进行局部灌溉的灌水方式。

由于滴头的流量很小，而且只湿润滴头所在位置的土壤，所以它是目前干旱缺水地区最有效的一种节水灌溉方式，水的利用率可达 95%。滴灌较喷灌具有更高的节水增产效果，同时可以结合施肥，提高肥效一倍以上，其不足之处是滴头易结垢和堵塞，因此应对灌溉水进行严格的过滤处理。

滴灌适用于果树、蔬菜、经济作物以及温室大棚灌溉，在干旱缺水的地方也可用于大田作物灌溉，有条件的地区应积极发展滴灌。

2. 微喷灌

微喷灌又称微型喷洒灌溉，是利用管道输水，通过微喷头将水喷洒在土壤或作物表面的局部灌水方式。

微喷灌是介于喷灌与滴灌之间的一种灌水方式，与喷灌相比，微喷灌的工作压力较小，可节约能源、节省设备投资，又可结合灌溉为作物施肥，提高肥效；与滴灌相比，微喷灌的湿润面积较大，流量和孔口较大，不易堵塞。所以，微喷灌是扬喷灌和滴灌之所长、避其所短的一种理想的灌溉方式。其主要适用于果园、经济作物、苗圃、草坪、温室和花卉等的灌溉。

3. 涌灌

涌灌又称涌泉灌溉、小管出流，是指在末级毛管上安装灌水器（涌水器），以小股水流或泉水的形式施到土壤表面的一种灌水形式。

灌水流量较大（但一般也不大于 220 升/时），远远超过土壤的渗吸速度，因此通常需要筑沟埂形成小水洼来控制水量的分布。适用于地形平坦的地区，其特点是工作压力低，与低压管道输水的地面灌溉相近，出流孔口较大，不易堵塞。

4. 渗灌

渗灌，即地下灌溉，是将灌溉水输入田间埋于地下一定深度的渗水管道内，借助土壤毛细管作用湿润土壤的灌水方法。

渗灌的优点是减少了地表的水分蒸发，最节约用水量，还可以节省劳动力，增产，提高产品的品质。但是渗灌的主要问题是渗水的小孔容易发生堵塞，很难克服。

第二节 微灌系统的组成

微灌系统由水源、首部枢纽、输配水管网和灌水器以及流量、压力控制部件和量测仪表等组成。

一、水源工程

河流、湖泊、塘堰、沟渠、井泉等，只要水质符合微灌要求，均可作为微灌的水源。为了充分利用各种水源进行灌溉，往往需要修建引水、蓄水和提水工程，以及相应的输配电工程，这些通称为水源工程。

二、首部枢纽

微灌工程的首部枢纽通常由水泵及动力机、控制阀门、水质净化装置、施肥装置、测量和保护设备等组成。首部枢纽担负着整个系统的驱动、检测和调控任务，是全系统的控制调度中心，其作用是从水源取水增压并将其处理成符合微灌要求的水流送到微灌系统中去。

三、输配水管网

输配水管网的作用是将首部枢纽处理过的水按照要求输送分配到每个灌水单元和灌水器。输配水管网一般包括干、支管和毛管三级管道，毛管是微灌系统的最末一级管道，其上安装或连接灌水器。

四、灌水器

灌水器是微灌设备中最关键的部件，是直接向作物施水的设备，其作用是消减压力，将水流变为水滴或细流或喷洒状施入土壤，包括滴头、滴灌带、滴灌管、微喷头、微喷带、渗灌管等，灌水器多数是用塑料制成的。

第三节 微灌系统的规划与布置

一、微灌系统的规划

（一）微灌系统规划任务

建设微灌系统如同兴建其他灌溉工程一样，都应有一个总体规划。规划是微灌系统设计的前提。微灌系统的规划任务包括以下几项。

（1）勘测和收集资料。包括地形、水文、水文地质、土壤、气象、作物、灌溉试验、动力设备、乡镇生产现状与发展规划以及经济条件等。资料收集得越齐全，规划设计依据越充分，规划成果也越符合实际。

（2）根据当地的自然条件、社会和经济状况等，论证工程的必要性和可行性。

（3）根据当地水资源状况和农业生产、乡镇工业、人畜饮水等用户的要求进行水利计算，确定工程的规模和微灌系统的控制范围。

（4）根据水源位置、地形和作物种植情况，合理布置引、蓄、提水源工程，以及微灌枢纽位置和骨干输水管网。

（5）提出工程概算。选择微灌典型地段进行计算，用扩大技术经济指标估算出整个工程的投资、设备、用工和用才种类、数量以及工程效益。

（二）微灌系统规划一般规定

（1）微灌系统规划应符合当地水资源开发利用、农村水利、农业发展及园林绿地等规划要求，并与灌排设施、道路、林带、供电等系统建设和土地整理规划、农业结构调整及环境保护等规划相协调。

（2）平原区灌溉面积大于 100 公顷、山丘区灌溉面积大于 50 公顷的微灌系统，应分为规划阶段和设计阶段进行。

（3）微灌系统规划应包括水源工程、系统选型、首部枢纽和官网规划，规划成果应绘制在不小于 1/5 000 的地形图上，并应提出规划报告。

二、微灌系统的布置

微灌系统的布置是在微灌系统总体规划的基础上进行的。

（一）微灌系统的布置

微灌系统的布置通常是在地形图上作初步的布置，然后将初步布置方案带到实地与实际地形作对照，并进行必要修正。微灌系统布置所用的地形图比例尺一般为 1/1 000～1/500。设计阶段主要是进行管网的布置。

1. 毛管和灌水器的布置

毛管是微灌系统的末一级管道，其上安装或连接灌水器，直接向作物根部滴水。其布置原则一般是沿作物种植方向进行，以确保水能均匀分布到作物根部。同时，支管通常与毛管垂直布置，以形成树状管网结构。毛管的间距主要根据作物行距确定，而灌水器的间距则按照作物株距来确定。

灌水器的水头越高，灌水均匀度越高，系统的运行费用也就越大。灌水器的设计工作水头应根据地形和所选用的灌水器的水力性能决定。滴灌时工作水头一般为 10 米；微灌时工作水头一般以 10~15 米为宜；涌泉灌时工作水头可为 5~7 米。

2. 干、支管的布置

干、支管的布置取决于地形、水源、作物分布和毛管的布置，应达到管理方便、工程费用少的要求。在山丘地区，干管多沿山脊或等高线布置，支管则垂直于等高线向两边的毛管配水。在水平地形，干、支管应尽量双向控制，两侧布置下级管道，以节省管材。当地形水平并采用"丰"字形布置时，干、支管可分别布置在支管和毛管的中部。

(二) 微灌系统工作制度的确定

微灌系统工作制度通常分为全系统续灌和分组轮灌两种情况。不同的工作制度要求的系统流量不同，因而工程费用也不同。在确定工作制度时，应根据作物种类、水源条件和经济条件等因素综合做出合理的选择。

1. 全系统续灌

全系统续灌是对系统内全部管道同时供水，设计灌溉面积内所有作物同时灌水的一种工作制度。它的优点是每株植物都能得到适时灌水，且灌溉供水时间短，有利于其他农事活动的安排。缺点是干管流量大，管径粗，增加工程的投资和运行费用；设备的利用率低；在水源流量小的地区，可能会缩小灌溉面积。

2. 分组轮灌

较大的微灌系统为了减少工程投资，提高设备利用率，增加灌溉面积，通常采用分组轮灌的工作制度。

（1）轮灌组的划分原则。

每个轮灌组控制的灌溉面积应尽可能相等或接近，以使水泵工作稳定，效率提高。

轮灌组的划分应照顾农业生产责任制和田间管理的要求。例如，一个轮灌组包括若干片责任地，应尽可能减少农户间的用水矛盾，并使灌水与其他农业措施（如施肥、修剪等）较好地配合。

为了便于运行操作和管理，通常一个轮灌组管辖的范围宜集中连片。轮灌顺序可通过协商自上而下进行。有时为了减少输水干管的流量，也可采用插花操作的方法划分轮灌组。

（2）轮灌组的划分方法。

通常轮灌组的划分原则为：支管分组供水，支管内同时供水。在支管的进口安装闸门和流量调节装置，使支管所辖的面积成为一个灌水单元，称为灌水小区。一个轮灌组可包括一条或若干条支管，即包括一个或若干个灌水小区。

第四节　微灌系统施工与运行管理

一、微灌系统的施工安装

（一）施工基本要求

（1）施工前深入规划灌区，全面踏勘、调查了解施工区域情况，认真分析工作条件，编写施工计划。大工程还应按照要求制定施工组织设计。

（2）施工安装必须按批准的设计进行，需要修改设计或变更工程材料时，应提前与设计部门协商研究，较大的工程必要时还需经有关部门审批。

（3）微灌系统施工涉及工种较多，必须加强各工种间协作，按照工序有组织有计划地施工。

（4）全面了解专用设备结构特点及用途，严格依照技术要求安装。因地制宜地采用先进可行的施工技术，在保证施工质量前提下提高工效，按期完成工程建设。

（5）开工前应先了解施工准备工作情况，检查施工现场条件，对影响安全之处必须采取可行措施，同时加强安全教育，确保施工安全。

（二）施工前的准备工作

（1）全面了解和熟悉微灌系统的设计文件，包括灌区地形、供水、首部枢纽、管网系统等全部设计图及对灌水器的选择方案；同时核对有关设计技术参数，对不理解或达不到施工工艺部分，应在开工前向设计部门提出，以统一认识，合理地修订设计。

（2）根据工程规模编制相应的简明施工计划，指导各工种有条不紊地进行施工。计划内容应包括以下几方面。

①建立施工组织，确定分管技术、后勤的工作人员，明确各自职责。

②拟定放样、定线各项施工顺序。

③依照各工种工作特点，编拟工种劳力组合及全部工程所需劳力计划。

④编制工程材料、设备供应计划。

⑤明确施工的进度、检查质量的方法和有关措施。

⑥组织领导和安全措施等。

（3）核查设备器材。开工前必须逐项查对设计文件中所提出的各种设备、工程材料，主要是首都控制枢纽、供水配水管网，灌水器的规格、质量、数量及组装构件是否成套。大工程还应检查水泥、钢材、砂石备料等，发现问题及时采取措施解决，以便顺利施工，确保工程的质量。

（4）施工与设备安装工具准备。微灌系统施工包括土建和专用设备安装两大部分。土建工程施工应视工程规模、施工难易、工程量等准备施工设备。为了提高工作效率和质量，大型系统除一般工具外，有条件地区应提供平整、开沟、牵引管道、混凝土拌和等施工机械。小工程只需准备施工用铁镐、铁锹、运输、夯实等工具。

（三）施工与安装

1. 施工放线与土石方开挖

（1）放线。根据设计图上标定工程部位，按照由整体到局部、先首部控制后尾部原则放线。为了便于控制、监测工程标准，较大工程系统应在施工现场设置施工测量控制网。放线起点先从首部枢纽开始，划出枢纽控制室轮廓线，标定干管（或主管）出水口位置、设计标高，由此点起用经纬仪对干、支管进行放线。

（2）蓄水池、首部枢纽基础开挖。根据放线标桩、设计高程开挖土石方。

为了保证工程质量和安全施工，在动工前应先具体了解工作段地质、土壤状态。挖方较深、土质松散地段，可加宽开挖线，必须保证边坡稳定。

枢纽房基础一般需挖至底板以下，中型动力机泵（3英寸泵、10kW 电机以上设备）基座必须浇筑在未搅动的原状土上。清基开挖基槽应四周留有余地，便于施工作业。

蓄水池施工前应先清基，在大于设计池底面积内打深孔，预测有无隐患，了解地质结构。挖基中做好施工记录，针对具体条

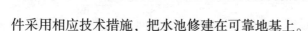

件采用相应技术措施，把水池修建在可靠地基上。

（3）管槽开挖。依照放线中心和设计槽底高程开挖。平坦地区布干、支管，管槽开口宽 30 厘米左右，地形复杂、挖方较深工段，应视地质条件适当加宽开挖面，以达到边坡稳定，防止滑塌。管槽深一般为 60 厘米左右，寒冷地区应视当地具体情况加深至冻土层以下，防止冻胀影响管道。

管槽底部应当一次整平，清除石块、瓦砾、树根等硬质杂物。开挖土料堆放一侧，虚土不得堆得过高，以防塌入沟内造成返工浪费。为了便于排除管内积水，一般管槽应有 0.1% ~ 0.3% 坡降；按照设计高程开挖土料，不得超挖；管槽通过岩石、砖砾等硬物较多工段时，管道易被顶伤，可将沟底超挖 10 ~ 15 厘米，清除岩石、砖砾，再用沙和细土回填，整平夯实至设计高程。沿管槽计划修阀门池、镇墩处必须照设计标准一次做完土石方，四周留有余地，夯实、整平底部，方便下道工序施工作业。

2. 首部安装

我国当前微灌系统首部枢纽设备一般由水泵、电机、蓄水调节池、控制阀门、调压阀、化肥罐、压力表、过滤器和量测仪表等组成。当水源位置高，有自压条件的地方，通过压力管道将水直接引入枢纽房。在高于供水设施水面处装上开敞式化肥罐并与系统连接，这样就构成一个较完整的自压微灌枢纽。为了确保系统坚实耐用、正常运行，必须严守技术操作规定，精心安装。安装时应做到以下 6 点。

（1）全面熟悉枢纽设计图上各系统组装结构，了解设备性能，按具体要求施工。

（2）详细核查各种设备。由整体到零部件全面核对数量、规格、质量，达到系统完整。发现毛刺阻水、口径变形、密封不严等构件，必须全面检修或由生产厂更换才可安装。

（3）微灌系统是有压输水，各种设备必须安装严紧，胶垫孔口应与管口对准，防止遮口挡水。法兰盘螺丝应平衡紧固，螺纹连接口需加铅油上紧，达到整个系统均不漏水。

（4）压力表连接管应采用螺纹形缓冲管加上仪表阀门再与水管连接，以防水锤损坏仪表。

（5）电机水泵组装必须达到同一轴线，用螺栓平稳紧固于混凝土基座上，同时按照电机安装说明接通地线，确保运行安全。

（6）在易积水处应加排水通道和阀门，以便冬季排除存水，防止冻坏设备。

3. 管道安装

微灌系统输、配水管网大都采用塑料制品。大型微灌系统输水管道亦有采用水泥制品管或金属管。这类管道安装与一般工程规定相同，可参照有关标准中的规定进行施工，这里只重点阐述几种塑料管道的施工安装方式。

微灌系统上用的塑料管一般有聚氯乙烯或聚乙烯硬管，支、毛管用聚乙烯半软管。干、支管理于地下；毛管除移动式灌水系统铺设在作物行间外，为了防止老化和损坏，大多数也设置于地下。

对于塑料管，施工前应选择符合微灌系统设计的管道，检查质量和内径尺寸。为了保证工程质量，有破裂迹象、口径不正、管壁薄厚不匀、管端老化等管道不能使用。

塑料管连接方法较多，除正常用配套管件连接外，还有承插连接、开水煮浴法连接、热熔对口粘接等多种连接形式。

对于管道铺设，根据设计标准，由枢纽起沿主、干管管槽向下游逐根连接，夏天施工应在清早或傍晚进行，以免在烈日下施工时塑料管受热膨胀，晚间变凉管道收缩而导致接头脱落、松动、移位，造成漏水。

连接管道时，可每距 8 米左右在绕开接头部位处先回填少量细土，压稳管位，以便施工。

铺设聚乙烯半软管，应将管道以圆盘形沿管槽慢慢滚动把管子放在沟内，禁止扭折或随地拖拉，以防磨损管道。为了防止泥土进入管内，施工前应将管子两端暂时封闭。或将上端管口先与输水接口连接紧，再由上向下铺放管道。

微灌系统主、干管道多用硬质聚氯乙烯塑料管，其对温度变化反映比较灵敏，热应力易引起热胀冷缩变化，因此宜采取安装伸缩节方法予以补偿，以免管道与设备附件拉脱、移位。为此，温差变化较大的地区连接管长超过 60 米时，宜安装伸缩节。

对于小管径半软管，管道铺放时不应拉得过紧，可以放松让其呈自由弯曲状设置于管槽内，以补偿温度差引起的变化影响管路。总之，无论哪种管道，施工时都应选择天凉温差变化不大时向管沟覆土，尽量减少温度对管道施工质量的影响。

附件安装包括调压控水阀、螺纹接头、分水三通、活动接头、通气阀等部件，根据设计要求在便于施工作业条件下铺设管道时一次组装，达到位置准确、连接牢靠、不漏水的要求。3 英寸（80 毫米）以上阀门应设置在砖砌底座上，斜坡上施工可用卡箍固定，2 英寸（50 毫米）以下阀门装置时底部可悬空，一般距阀门底 10 厘米左右。采用螺纹口连接阀门，一般应安装活接头，便于检修时装卸。阀门上口应加钢筋混凝土盖板，板上预留钢筋提手，方便起闭和检修，冬季加盖亦可防冻。

4. 毛管安装

（1）毛管布置数量多、较集中。一般施工顺序是先主、干管，再支、毛管，以便全面控制、分区试水。支管与干管组装完成后再照垂直于支管方向铺设毛管。移动式毛管必须沿等高线或梯地设置在地面上，固定式系统大多数把毛管埋没在果树行间。为了避免冻害和机耕影响，毛管埋深约 40 厘米或埋在冻土深度线以下。

（2）按照设计标准将毛管沿果树宽行向或等高线方向顺序摆放整齐，铺放时必须将两端暂时封闭，严防泥土、沙粒等杂物进入管道而引起灌水器堵塞。

（3）安装旁通和毛管。沿着已布置好的支管，按照设计规格，用小于旁通插头 1 毫米左右的钻头在支管上由上而下打孔，打孔时钻头必须垂直于支管，不能钻斜孔，防止由旁通插管处漏水。

为了预防在打孔和安装旁通时泥土、沙粒进入支管，可采取打 1 个孔即装 1 个旁通的方法。为使旁通与支管紧密连接，防止漏水，安装旁通时可先给旁通插管周围涂黏合胶，或者装上薄橡皮垫片，然后再将旁通安在支管上，随即用细铁丝或专用管卡扎牢固，同时往旁通接头段上装根毛管，让其竖直通向地面，上端封闭以防泥土灌入管内。将 1 条支管装完旁通和毛管连接段后，再将支管放入管槽内，放水冲洗、试压，之后即可覆土填管槽。

5. 灌水器安装

（1）微管安装。按设计长度准确地剪取微管。按照规定间距用平头打孔锥在毛管上垂直打孔，只能打通一面管壁，严防锥通毛管两壁造成漏水。为防止微管管口变形，需用锋利剪刀剪断微管，微管一端宜剪成斜面以便插入毛管，微管插入深度为毛管管径的 1/4 为宜，各条微管插深应当一样，另一端安装滴头，并用插杆将滴头固定在所需位置上。对成年果树灌水时，一般将微管以辐射状布置于果树周围，或者将微管以缓弯曲形式均匀布设；移动式微灌密植作物时，应将微管绕缠于毛管上。绕管时严禁弯折，必须以缓弯形绕管，再用塑料细线绑扎在毛管上。

（2）管上式滴头安装。用直径小于孔口滴头接口外径约1毫米的锥子（又称打孔器）在毛管上按设计距离打孔，随即装上滴头。

（3）管间式滴头安装。这种滴头连接于两段毛管之间，先将毛管剪成段，然后与滴头连续接起来就成一条滴水毛管。滴头安装时应注意将进水口一端向上游，滴头接头应全部插入毛管中，与之紧密连接，以防漏水和脱落。天气较凉时安装滴头比较困难，可将已剪的毛管头部放在热水中浸热变软后随即取出与滴头插接。

（4）微灌管（带）安装。一般是把微灌管（带）与旁通连接即可。

灌水器形式有多种，安装方法同中有异，可参照安装说明书进行安装，总的要求是插接处不漏水、灌水器稳固、便于维修保养。

6. 冲洗与试运行

在工程建成后未投入使用前，应对全系统进行水冲洗、试压和试运行，经测试符合设计标准时才允许交付生产单位正式使用。

（1）冲洗与试压。对已安装好的微灌系统，应当集中时间抓紧冲洗、试压。一般是先冲洗后试压。冲洗时，要待最远处管内全部出清水、杂物彻底清除后方可堵上堵头。若工程较大，首部流量不够时，可分区冲洗。发现质量问题必须及时解决。

（2）试运行。当全系统所有设备冲洗干净、试压正常后就可进行系统试运行。试运行时，可使各级管道和滴头及相应附属装备都处于工作状态，连续运转4小时以上，选择有代表性的2~3条毛管用仪表检测技术性能，对运行水压、滴水量、均匀性等进行全面观测，并将结果进行计算评价。待全系统运转正常、基本指标都达到设计规定值，认为符合质量要求，整个系统才可交付使用。

（3）回填。全系统经冲洗试压和初次试运行，证明工程质量符合要求，才能将各级沟槽回填。

7. 竣工验收

竣工验收工作是全面检查和评价微灌系统质量的关键工作，可考核工程建设是否符合设计标准和实际条件，能否正常运行并交付生产单位应用。竣工验收是整个工序中一个重要环节，不论大小工程都应进行。

（1）验收前应由业务主管部门负责协调和组织设计单位、施工单位、使用单位或用户代表参加的工程验收小组，进行各项验收工作。

（2）对全部工程进行全面了解，从水源到田间灌水器，对施工安装质量进行逐一检查。

（3）为了具体了解所建工程实际运行状态，在进行图纸对照检查的同时，可实地抽样检测，例如对机泵设备进行 2~3 次启动试验运转，注意观察是否安全可靠、方便操作，以及机体是否稳定和声音是否正常等，抽查调压阀门、池管端与阀门安装质量，观察是否有漏水现象，同时分上、中、下游抽几条毛管在有代表性部位检测灌水器的出水量和系统的灌水均匀度。

（4）按照上述工作程序和内容全面进行验收，同时由竣工验收小组对验收结果进行整理分析和总结，编写竣工验收报告。

为便于查阅，全套文件及资料应由设计、施工、使用单位各保存 1 套，做好技术归档工作，以备查阅。

二、微灌系统的运行管理

（一）运行管理的一般规定

（1）微灌系统必须对每种设备按产品说明书规定和设计条件分别编制正确的操作规程和运行要求。

（2）微灌系统应按设计工作压力要求运行。

（3）微喷灌工程应在设计风速范围内作业。

（4）应认真做好运行记录，内容应包括：设备运行时间、系统工作压力和流量、能源消耗、故障排除、收费、值班人员及其他情况。

（二）首部枢纽的运行管理

（1）水泵应严格按照其操作手册的规定进行操作与维护。

（2）每次工作前要对过滤器进行清洗。

（3）在运行过程中若过滤器进出口压力差超过正常压力差的25%~30%，要对过滤器进行反冲洗或清洗。

（4）必须严格按过滤器的设计流量与压力进行操作，不得超压、超流量运行。

（5）施肥罐中注入的固体颗料不得超过施肥罐容积的2/3。

（6）定期对施肥罐进行清洗。

（7）系统运行过程中，应认真做好记录。

（三）水泵管理

（1）水泵在启动前应进行一次详细的检查，主要检查以下几点。

①检查水泵与电机的联轴器或皮带轮是否同心或对正。

②检查润滑油位是否合适，油质是否洁净。

③检查各部分的螺丝有无松动现象。

④需要灌水的水泵，启动前要灌清水，不可在无水状态下

启动。

⑤离心泵启动前应关闭出水管路上的闸阀，以降低启动电流。

（2）水泵在运行中的检查和维护主要做到以下几点。

①检查各种测量仪表的读数是否在规定值的范围内，水表读数是否与水泵流量一致。

②检查水泵和管道各部分有无漏水和进气的情况，应保证吸水管不漏气。

（四）过滤器的运行管理

1. 网式过滤器的工作原理及使用须知

网式过滤器在结构上比较简单，当水中悬浮颗粒的尺寸大于过滤网的孔径尺寸时，就会被截流，但当网上积聚了一定量的污物后，过滤器进出口之间会发生压力差，当进出口压力差超过原压差 0.02 兆帕斯卡时，就应对网芯进行清洗。清洗方法如下。

（1）将网芯抽出清洗，同时用清水冲洗两端的保护密封圈，也可用软毛刷刷洗，但不能用硬物刷洗。

（2）当网芯内外清洗干净后，再将过滤网金属壳内的污物用清水洗净，由排污口排出。

（3）按要求重新装配好过滤器。由于过滤器的网芯很薄，所以在清洗时不要用力过大，以免弄破。一旦网芯破损，不可继续使用，必须立即更换。

2. 离心式过滤器的使用须知

工作原理：由水泵供水经水管切向进入离心体内，旋转产生离心力，推动旋流，促使泥沙进入集沙罐，清水则顺流进入出水口。由此完成了第一级的水沙分离，清水经出口、弯管、阀门进入网式过滤器，再进行后面的过滤。

使用要求如下。

（1）离心式过滤器通常用做较差水质情况下的前端过滤，因此会产生较多的沉淀泥沙，它下面的集沙罐设有排沙口，使用时要不断地进行排沙。

（2）排沙时首先关闭出水阀，打开排污阀，启动水泵进行排水、排沙直到井内出清水为止。然后停止水泵，关闭排污阀，打开出水阀，启动水泵，滴灌系统可以工作。正常工作时要视水质情况，经常检查集沙罐，避免罐中沙量太多使离心式过滤器不能正常工作。

（3）在进入冬季之前，为防止整个系统冻裂，要打开各级设备所有阀门，把存水排干净。

3. 过滤器运行前的准备

（1）开启水泵前认真检查过滤器各部位是否正常，各个阀门此时都应处于关闭状态，确认无误再启动水泵。

（2）在系统运行之前，打开网式过滤器，检查网芯内有无沙粒和破损，确认其网面无破损后装入壳内，不得与任何坚硬物质碰撞。

（3）水泵开启应使其动转 3~5 分钟，使系统中空气由排气阀排出。待完全排空后，打开压力表旋塞，检查系统压力是否在额定的排气压力范围内。当压力表针不再上下摆动、设备无噪声时，可视为正常，过滤器可进入工作状态。

4. 过滤器运行操作程序

（1）打开通向各个沙石过滤器之间的控制阀门，与前一阀门处于同一开启位置，不要完全打开，以保证沙床稳定，提高过滤器的使用精度。

（2）缓慢开启流经沙石过滤器之后控制阀门，与前一阀门处于同一开启程度，让水流平稳通过，使沙床稳定压实，检查过滤器两压力表之间的压力差是否正常。确认无误后，将第一道阀门缓缓打开，开启第二道阀门将流量控制在设计流量的 60% ~ 80%，一切正常后方可按设计流量进行。

（3）过滤器工作完毕后，应缓慢关闭沙石过滤器后过的控制阀门，再关水泵以保持沙床的稳定，也可在灌溉完毕后进行反复冲洗，每组中的两罐交替进行直到过滤器冲洗干净，以备下次再用。如果过滤介质需要更换或部分更换，也应在此时进行。沙石过滤器冲洗干净后，在没有结冰的情况下应充满干净水。

（五）施肥装置的使用管理

1. 施肥装置的结构及原理

（1）压差式施肥装置。本装置是由专用施肥阀、施肥罐和连接管组成，是根据压力差的原理进行施肥的。首先将稀释过的无机肥装入罐内，调节施肥专用阀，使之形成一定的压力差，打开施肥专用阀旁的两个小阀门，将罐内的肥料压入灌溉系统中进行施肥。

（2）文丘里施肥器，是由阀门、文丘里、三通、弯头连接而成的，体积小，结构简单。施肥时，适当关小球阀让水从施肥器中流过，施肥器开始施肥。

（3）注射泵。微灌系统常使用活塞泵或隔膜泵向管道中注入肥料或农药。根据动力来源，水泵又可分为水压驱动和机械驱动两种形式。

①活塞施肥泵的动力来源是机械驱动。泵进口通过软管插入肥料桶中，泵出口与管道相连。

②水动施肥泵，又名注肥器，是依靠水压驱动力的。它直接安装在供水管道上，不用电驱动，以水压作动力，通过软管与肥料桶连接，施肥时按设定的比例自动吸入肥料。

2. 施肥装置的操作程序

（1）打开施肥罐，将所需滴施的肥倒入施肥罐中。

（2）打开进水阀门，进水至罐容量的 1/2 后停止进水，并将施肥罐上盖拧紧。

（3）滴施肥时，先开施肥罐出水阀门，再打开其进水阀门，稍后缓慢关闭两阀门之间（干管上）的闸阀，使其前后压力表差比原来压力增加约 0.05 兆帕斯卡，通过增加的压力差将罐中肥料带入系统管网之中。

（4）滴肥 20~40 分钟即可完毕。具体情况根据经验以及罐体容积大小和肥（药）量的多少判定。

（5）滴施完一个轮罐组后须将两侧阀门关闭，先关进水阀，后关出水阀。将罐底球阀打开，把水放尽，再进行下一轮灌组。

3. 操作过程中的注意事项

（1）罐体内肥料必须充分溶解后，才能进行滴施，否则影响滴施效果，引起罐体堵塞。

（2）滴施肥应在每个轮灌小区滴水 1/3 时间后才可滴施，并且在滴水结束前半小时必须停止施肥（药）。

（3）滴施肥结束，更换下一个轮换组前，应有半个小时的管网冲洗时间，即进行半小时滴纯水冲洗，以免肥料在管内沉积。

（六）管网的运行管理

（1）系统在第一次运行前，需进行调试。可通过调整球阀的开启度来进行调压，使系统各支管进口压力大致相同。调试完后，在球阀开启的相应位置上做好标记，以保证在以后的运行中，其开启度能维持在该水平。

（2）系统每次工作前要先进行冲洗，在运行过程中，要检查系统水质情况，视水质情况对系统随时进行冲洗。

（3）定期对管网进行巡视，检查管网有无泄漏情况、各区毛管滴水是否均匀，如有漏水和滴水不均匀现象，要立即处理。

（4）系统运行时，必须严格控制压力表读数，应将系统控制在设计压力范围内，以保证系统能安全、有效地运行。

（5）进行分区轮灌时，每次开启一个轮灌组，当一个轮灌组结束后，应先开启下一个轮灌组再关闭上一个轮灌组，严禁先关后开。

（6）每年灌溉季节应对管、地埋管进行检查，灌溉季节结束后，应对损坏处进行维修，冲净泥沙，排干存水。

（七）微灌灌水器的运行管理

（1）灌水前应对灌水器及其连接处进行检查和补换。

（2）灌水时应认真查看，对堵塞和损坏的灌水器应及时处理和更换，必要时应打开毛管尾端放水冲洗。

（3）灌溉季节后，应对微喷头、滴头和滴灌管（带）等进行检查，修复或更换损坏和已被堵塞的灌水器。

（4）灌溉季节后，应打开滴灌管（带）末端进行冲洗，必要时应进行酸洗。移动式滴灌管（带）宜卷盘收回室内保管。

第五章　膜下滴灌技术

第一节　膜下滴灌技术概述

一、膜下滴灌技术的概念

膜下滴灌技术是指将地膜栽培技术与滴灌技术有机结合，即在滴灌带或滴灌毛管上覆盖一层地膜，通过可控管道系统供水，将加压的水经过滤设施滤"清"后，和水溶性肥料充分混合，形成肥水溶液，进入输水干管—支管—毛管（铺设在地膜下方的灌溉带），再由毛管上的滴水器一滴一滴地均匀、定时、定量浸润作物根系发育区，供根系吸收，是一项节水增效农田灌溉新技术。

二、膜下滴灌技术的优点

（一）节水效果显著

膜下滴灌技术通过管道系统直接将水输送到作物根部，减少了水分在输送和地表蒸发过程中的损失。与传统的地面灌溉方式相比，膜下滴灌可以节省大量的水资源。据统计，膜下滴灌的节水率通常可以达到50%以上，特别是在干旱和半干旱地区，这种节水效果更为显著。这不仅有助于缓解水资源紧张的问题，还能提高水资源的利用效率。

（二）提高作物产量和品质

膜下滴灌技术能够精准控制灌水量和灌溉时间，确保作物在生长过程中得到充足而均匀的水分供应。这有利于作物的生长和发育，提高作物的产量和品质。同时，膜下滴灌还可以结合施肥，实现水肥一体化管理，进一步提高作物的养分吸收效率。因此，采用膜下滴灌技术的农田往往能够获得更高的经济效益。

（三）改善土壤环境

膜下滴灌技术可以减少土壤表面的水分蒸发，降低土壤盐分的积累，从而改善土壤环境。此外，地膜覆盖还可以抑制杂草的生长，减少农药的使用量，有利于保护生态环境。通过膜下滴灌技术的应用，可以逐步实现农田的可持续发展。

（四）适应性强，应用范围广

膜下滴灌技术适用于多种作物和土壤类型，无论是大田作物还是园艺作物，都可以采用这种灌溉方式。同时，它还可以根据作物的生长需求和土壤条件进行灵活调整，确保作物得到最佳的生长环境。此外，膜下滴灌技术还可以与其他农业技术相结合，如智能灌溉系统、土壤改良技术等，进一步提高农田的生产力和经济效益。

（五）节省劳动力成本

膜下滴灌技术通过自动化控制系统实现灌溉过程的智能化管理，大大减少了人工操作的工作量。农民只需设置好灌溉参数，系统就可以自动完成灌溉任务。这不仅降低了劳动强度，还提高了工作效率。同时，由于减少了人工干预，也降低了因人为因素导致的灌溉误差，提高了灌溉的精准度。

（六）促进农业现代化发展

膜下滴灌技术是现代农业技术的重要组成部分，它的应用推动了农业生产的现代化进程。通过膜下滴灌技术的普及和推广，可以逐步实现农业生产的规模化、标准化和智能化，提高农业的整体竞争力。同时，膜下滴灌技术还可以与其他现代农业技术相结合，形成完整的农业技术体系，为农业的持续健康发展提供有力支撑。

三、膜下滴灌技术的适用条件

（1）适宜推广的地区。适宜应用于地面蒸发量大的干旱、半干旱而又具备一定灌溉水源的地区。

（2）适宜应用的作物。凡需要灌溉的作物都适宜应用膜下滴灌技术，但在使用中应该注意作物的轮作倒茬问题。

（3）适宜的生产规模和管理方式。由于膜下滴灌需要管网或渠系供水，应该条田连片，并且在一个灌溉系统内，要做到统一种植、统一作物、统一滴水、统一施肥、统一管理。

（4）适宜的设备和政策支持。需供应质量有保证、价格经济的滴灌器材和周到的技术服务保障。

第二节　膜下滴灌系统的组成

膜下滴灌系统一般由水源工程、首部枢纽、输配水管网、灌水器及控制、量测和保护装置等组成。

一、水源工程

水源工程包括为取水而修建的拦水、引水、蓄水、提水和沉淀工程，以及相应的动力、输配电工程等。

二、首部枢纽

滴灌系统的首部枢纽包括动力机、水泵、施肥（药）装置、过滤设施、安全保护及测量控制设备。其作用是从水源取水加压并注入肥料经过滤后，按时、按量输送进管网，担负着整个系统的驱动、量测和调控任务，是全系统的水、肥、压力、安全等的控制调配中心。

常用的动力机主要有电动机、柴油机、拖拉机以及其他一些动力输出设备，但首选电动机。过滤设备用来对滴灌用水进行过滤，提供合格的水质，防止各种污物进入滴灌系统堵塞滴头。过滤设备有拦污栅、离心式过滤器、沙石过滤器、筛网过滤器、叠片过滤器等。量测、控制和保护设施是为了保证滴灌系统的正常安全运行而在系统首部枢纽中设置。安全保护装置用来保证系统在规定压力范围内安全工作，消除管路中的气阻和真空等，一般有控制器、传感器、电磁阀、水动阀、空气阀等。

三、输配水管网

输配水管网的作用是将首部枢纽处理过的有压水流按照要求输送分配到每个灌水单元和灌水器，沿水流方向依次为干管、支管、毛管及所需的连接管件和控制、调节设备。管网包括干管、支管（辅管）、毛管及所需的连接管件和控制、调节设备。毛管是滴灌系统中最末一级管道，直接为灌水器提供水量。支管通过辅管向毛管供水，对轮灌运行、提高灌水均匀度起到很好的作用。干管是将首部枢纽与各支管连接起来的管道，起输水作用。

四、滴灌带

滴灌带是滴灌系统中最关键的部件，是直接向作物施水肥的设备。其作用是利用滴头的微小流道或孔眼消能减压，使水流变为水滴均匀地滴入作物根区土壤中。常见滴灌带有单翼迷宫式、内镶贴片式、压力补偿式等。

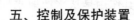

五、控制及保护装置

滴灌系统控制设施一般包括各种阀门，其作用是控制和调节滴灌系统的流量和压力。保护设施用来保证系统在规定压力范围内工作，消除管路中的气阻和真空等，一般有进（排）气阀、安全阀、逆止阀、泄水阀、空气阀等。

第三节　膜下滴灌系统的规划与布置

一、膜下滴灌系统的设计参数

（1）保证率。滴灌设计保证率应根据自然条件和经济条件确定，一般不低于85%。

（2）灌溉水利用系数。指灌到田间可被作物利用的水量与水源处引进的总水量的比值，要求应不低于85%。

（3）系统日工作小时数。根据工程运行经验，机井供水不宜超过22时/天；地表水或需要实行连续供水的，也不宜超过22时/天，剩余时间为停机故障和系统检修时间。

（4）流量偏差率。同一灌水小区内灌水器的最大、最小流量之差与设计流量的比值，是目前滴灌工程设计中反映设计灌水均匀度的指标。

二、系统设计工作制度

滴灌系统通常有续灌、轮灌、随机供水灌溉3种配水方式。在确定系统工作制度时，应考虑种植作物、水源条件、经济状况、农户承包及管理方式等，合理确定。对于采用轮灌方式配水的滴灌系统，目前应用较多的轮灌方式有以下两种。

（一）辅管轮灌方式

每条支管上布置有若干条辅管，以一条辅管控制的灌溉范围为基本灌水单元。系统运行时，每次开启该轮灌组内的每条支管上的一条或多条辅管，该辅管上的毛管同时灌水。

（二）支管轮灌方式

支管上不设辅管，以一条自管控制的灌溉范围为基本灌水单元，一条或多条支管构成一个轮灌组。每个轮灌组运行时，该轮灌组内的支管上所有毛管全部开启。一个轮灌组灌水完成后开启下一个轮灌组内的支管，关闭前一个轮灌组内的支管。此种轮灌方式水量相对集中，管理方便。

三、膜下滴灌系统总体布置

膜下滴灌系统总体布置主要是在确定灌区位置、面积、范围及分区界限，以及选定水源位置后，对沉淀池、泵站、首部枢纽等工程进行总体布局，合理布设管线。地形状况和水源在灌区中的位置对管道系统布置影响很大，一般应将首部枢纽与水源工程布置在一起。田间管网一般分为三级或四级，即干管、支管（辅管）、毛管，或主干管、分干管、支管（辅管）、毛管。毛管辅设方向与作物种植方向一致，毛管与支管（辅管）、支管（辅管）与分干管一般相互垂直。

第四节　膜下滴灌工程的安装与运行管理

一、膜下滴灌系统的安装

（一）安装材料准备

滴灌系统一般包括水泵、蓄水池、滤网、水管、滴灌管、施肥器等，一般简易滴灌设备不需要专门的泵和蓄水池，但只需在原有灌溉设备的基础上铺设滴灌管。一般主管选用直径 80~120毫米的抗老化黑胶管或半刚性管，支管选用 40~50 毫米抗老化黑胶管。值得注意的是，软管是根据不同的灌水速度打出不同孔径和密度的小孔管，这样做的目的是便于滴水。

（二）系统安装

当棚内有蓄水池时，蓄水池上部应覆盖薄膜，防止杂物落入。简单的滴灌设备不建水库，水量主要由浇水时间决定，灌溉时间不能太长，否则会失去滴灌的优势。主管道直接连接到外部水管，在追肥时与施肥器一起使用；干管沿棚南或北敷设，支管连接敷设后再覆盖塑料薄膜。主管沿作物种植线垂直方向敷设，支管沿种植方向敷设。

二、膜下滴灌系统的运行管理

（一）规范操作

膜下滴灌系统的运行管理首先要从规范操作开始。在设计、安装和管理过程中，必须严格按照相关标准和规范进行，确保系统的稳定性和可靠性。任何位置都不得随意拆除过滤设施和钻孔，以免对系统造成损害。同时，操作人员应接受专业培训，熟悉系统的操作和维护方法，确保能够正确、安全地使用系统。

（二）注意过滤

过滤是膜下滴灌系统中非常重要的一环。在温室塑料薄膜下滴灌时，应定期清洗过滤器内的网，以防止杂质堵塞滴头。如发现滤网损坏，应及时更换滤网，以保证过滤效果。此外，还要定期检查滴灌管网内是否有泥沙等杂质，如有发现，应及时打开堵头进行冲洗，确保管网的畅通无阻。

（三）适量灌水

适量灌水是保证膜下滴灌效果的关键。每次滴灌的持续时间应根据缺水程度和农作物品种来确定。一般来说，滴灌时间应控制在 1~4 小时内，避免过长时间的灌溉导致水分浪费和土壤盐碱化。同时，要根据作物的生长阶段和需水规律，合理安排灌溉时间和灌溉量，确保作物得到充足而均匀的水分供应。

（四）定期检查与维护

膜下滴灌系统需要定期检查与维护，以确保其正常运行。检查内容包括管道是否破损、滴头是否堵塞、阀门是否灵活等。发现问题应及时处理，如更换破损的管道、清洗堵塞的滴头等。此外，还要定期对系统进行全面检查，包括检查系统的压力、流量等参数是否正常，以及检查管道连接处是否紧固等。

（五）科学管理与创新应用

随着现代农业技术的发展，膜下滴灌系统的运行管理也应不断创新和完善。可以引入智能化管理系统，通过传感器和自动控制技术实现灌溉的精准控制。同时，还可以结合其他农业技术，如土壤改良、水肥一体化等，进一步提高膜下滴灌系统的应用效果。

第六章　水肥一体化技术

第一节　水肥一体化技术概述

一、水肥一体化技术的概念

水肥一体化技术是指在水肥的供给过程中，在给作物提供水分的同时最大限度地发挥肥料的作用，实现水肥的同步供应，充分发挥两者的相互作用。

从广义上来说，水肥一体化技术就是水肥同时供应以满足作物生长发育需要，根系在吸收水分的同时吸收养分。从狭义来说，水肥一体化技术就是把肥料溶解在灌溉水中，由灌溉管道输送给田间每一株作物，以满足作物生长发育的需要。如通过喷灌及滴灌管道施肥。

二、水肥一体化技术的优点

（一）节省劳动力

传统的沟灌、施肥费工费时，非常麻烦。水肥一体化技术是管网供水，操作方便，便于自动控制，减少了人工开沟、撒肥等过程，因而可明显节省劳力；灌溉是局部灌溉，大部分地表保持干燥，减少了杂草的生长，也就减少了除草的劳动力；由于水肥一体化可减少病虫害的发生，减少了防治病虫害、喷药等劳动力；水肥一体化技术实现了种地无沟、无渠、无埂，大大减轻了水利建设的工程量。

（二）节水效果明显

水肥一体化技术可减少水分的下渗和蒸发，提高水分利用率。传统的灌溉方式，水的利用系数只有 0.45 左右，灌溉用水的一半以上流失或浪费了，而喷灌的水利用系数约为 0.75，滴灌的水利用系数可达 0.95。在露天条件下，微灌施肥与大水漫灌相比，节水率达 50%左右。保护地栽培条件下，滴灌施肥与畦灌施肥相比，每亩大棚一季节水 80～120 米^3，节水率为 30%~40%。

（三）节肥增效显著

利用水肥一体化技术可以方便地控制灌溉时间、肥料用量、养分浓度和营养元素间的比例，实现了平衡施肥和集中施肥。与手工施肥相比，水肥一体化的肥料用量是可量化的，作物需要多少施多少，同时将肥料直接施于作物根部，既加快了作物吸收养分的速度，又减少了挥发、淋湿所造成的养分损失。水肥一体化技术具有施肥简便、施肥均匀、供肥及时、作物易于吸收、提高肥料利用率等优点。在作物产量相近或相同的情况下，水肥一体化技术与传统施肥技术相比可节省化肥 40%~50%。

（四）减轻病虫害

水肥一体化技术有效地减少了灌水量和水分蒸发，降低了土壤湿度和空气湿度，抑制了病菌、害虫的产生、繁殖和传播，在很大程度上减少了病虫害的发生，因此，也减少了农药的投入和防治病害的劳动力投入。与传统施肥技术相比，利用水肥一体化技术，农药用量可减少 15%~30%。

（五）改善微生态环境

采用水肥一体化技术有利于增强土壤微生物活性，促进作物对养分的吸收；有利于改善土壤物理性质，滴灌施肥克服了因灌溉造成的土壤板结问题，使土壤容重降低、孔隙度增加，有效地调控土壤根系的水渍化、盐渍化、土传病害等障碍。在大棚栽培中，水肥一体化技术还可明显降低大棚中的温度和湿度。

（六）减少对环境的污染

水肥一体化技术严格控制灌溉用水量及化肥施用量，防止化肥和农药淋洗到深层土壤，造成土壤和地下水的污染，同时可将硝酸盐产生的农业面源污染降到最低。此外，利用水肥一体化技术可以在土层薄、贫瘠、含有惰性介质的土壤上种植作物并获得最大的增产潜力，能够有效地利用开发丘陵地、山地、沙石地、轻度盐碱地等边缘土地。

（七）增加产量、改善品质，提高经济效益

水肥一体化技术适时、适量地供给作物不同生育期生长所需的养分和水分，明显改善作物的生长环境条件，因此，可促进作物增产，提高农产品的外观品质和营养品质；应用水肥一体化技术种植的作物，生长整齐一致、定植后生长恢复快、收获期早、收获期长、丰产优质、对环境气象变化适应性强；通过水肥的控制可以根据市场需求提早供应市场或延长供应市场。

三、水肥一体化技术的缺点

（一）工程造价高

与地面灌溉相比，滴灌一次性投资和运行费用相对较高，其投资与作物种植密度和自动化程度有关，作物种植密度越大，投资就越大，反之越小。使用自动控制设备会明显增加资金的投入，但是可降低运行管理费用，减少劳动力的成本，选用时可根据实际情况而定。

（二）技术要求高

水肥一体化对农民来说是一项新技术，涉及田间工程设计，设备选择、购买、安装、使用、维护，以及肥料选择等一系列问题。由于缺乏系统的培训，许多农户对其知之不多，了解太少，担心无法掌握和正确使用，这影响了农民使用水肥一体化技术的积极性。

（三）灌水器容易堵塞

灌水器的堵塞是当前水肥一体化技术应用中最主要的问题，也是目前必须解决的关键问题。引起堵塞的原因有化学因素、物理因素，有时生物因素也会引起堵塞。如磷酸盐类化肥，在一定的 pH 条件下容易发生化学反应产生沉淀；对 pH 超过 7.5 的硬水，钙或镁会停留在过滤器中；当水中碳酸钙的饱和指标大于0.5 且硬度大于 300 毫克/升时，也存在堵塞的危险；在南方一些井水灌溉的地方，水中的铁质诱发的铁细菌也会堵塞滴头；藻类植物、浮游动物也是堵塞物的来源，严重时会使整个系统无法正常工作，甚至报废。因此，要严格控制灌溉的水质，一般均应经过过滤，必要时还需经过沉淀和化学处理。对用于灌溉系统的肥料，应详细了解其溶解度等物理、化学性质，对不同类型的肥料应有选择的施用。在系统安装、检修过程中，若采取的方法不当，管道屑、锯末或其他杂质可能会从不同途径进入管网系统引起堵塞。对于这种堵塞，首先要加强管理，在安装、检修后应及时用清水冲洗管网系统，同时要加强过滤设备的维护。

（四）容易引起盐分积累

当在含盐量高的土壤上进行滴灌或是利用咸水灌溉时，盐分会积累在湿润区的边缘，如遇到小雨，这些盐分可能会被冲到作物根区域而引起盐害，这时应继续进行灌溉，但在雨量充沛的地区，雨水可以淋洗盐分。在没有充分冲洗条件下的地方或是秋季无充足降雨的地方，则不要在高含盐量的土壤上进行灌溉或利用咸水灌溉。

（五）可能限制根系的发展

由于灌溉施肥技术只湿润部分土壤，加之作物的根系有向水性，这样就会引起作物根系集中向湿润区生长。对于多年生作物来说，滴头位置附近根系密度增加，而非湿润区根系因得不到充足的水分供应其生长会受到一定程度的影响，尤其是在干旱、半干旱的地区，根系的分布与滴头有着密切的联系，在没有灌溉就没有农业的地区，如我国西北干旱地区，应用灌溉时，应正确地布置灌水器。对于果树来说，少灌、勤灌的灌水方式会导致树木根系分布变浅，在风力较大的地区可能产生拔根危害。

第二节　水肥一体化系统的规划与运行管理

一、水肥一体化系统的规划

（一）信息采集与规划

1. 项目实施单位的信息采集

水肥一体化设施建设单位在构建方案时要与项目实施单位充分沟通，了解实施单位计划栽培的作物品种以及种植面积，种植形式和管理模式；这些信息关系到管网布局和灌溉方案的确定，不同的经营模式，其生产管理方式不同，水肥灌溉设计要根据栽培管理模式并结合设计原则来确定，这样才能做到水肥一体化设施投资经济实惠，使用便捷又高效。

另外要根据实施单位的投资意向、投资人文化素质来确定方案。针对科技示范型的，因其注重的是科技示范推广作用，应体现技术的先进性和领先性，方案要考虑应用推广效果和"门面"效应。这类设计要讲究设备布局的美观性、设计的科学性，再严格按照国家和行业的标准进行设计规划，做到合理规范。针对农

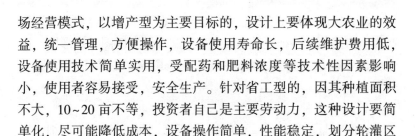

场经营模式，以增产型为主要目标的，设计上要体现大农业的效益，统一管理，方便操作，设备使用寿命长，后续维护费用低，设备使用技术简单实用，受配药和肥料浓度等技术性因素影响小，使用者容易接受，安全生产。针对省工型的，因其种植面积不大，10~20 亩不等，投资者自己是主要劳动力，这种设计要简单化，尽可能降低成本，设备操作简单，性能稳定，划分轮灌区的原则是 1~2 天之内完成施肥就可以。

2. 田间数据采集

田间现场电源是决定水肥首部设备选型的必备条件，因此要了解动力资料，包括现有的动力、电力及水利机械设备情况（如电动机、柴油机、变压器）、电网供电情况、动力设备价格、电费和柴油价格等。要了解当地目前拥有的动力及机械设备的数量、规格和使用情况，了解输变电路线和变压器数量、容量及现有动力装机容量等。了解气候、水源条件。当地气候情况等因素决定水源的供应量，因此要详细了解当地的气候情况，包括年降水量及分配情况，以及多年平均蒸发量、月蒸发量、平均气温、最高气温、最低气温、湿度、风速、风向、无霜期、日照时间、平均积温、冻土层深度等。对微灌系统的水质要进行分析，以了解水质的泥沙、污物、水生物、含盐量、悬浮物情况和 pH，以便采取相应的措施。另外要了解水源与田间的距离，考虑是否分级供应，以及管道的口径设计。

3. 土壤地形资料

在规划之前要收集项目区的地质资料，包括土壤类型及容重、土层厚度、土壤 pH、田间持水量、饱和含水量、永久凋萎系数、渗透系数、土壤结构及肥力（有机质含量及肥力指标）等情况，地下水埋深和矿化度。对于盐碱地还包括土壤盐分组成、含盐量、盐渍化以及盐碱地情况。

项目区的地形特点好很重要，要掌握项目区的经纬度、海拔高度、自然地理特征等基本资料、绘制总体灌区图、地形图，图上应标明灌区内水源、电源、动力、道路等主要工程的地理位置。

4. 田间测量

田间测量是设计的重要环节，测量数据要尽量准确详细。要标清项目实施区的边界线，道路、沟渠布局，田间水沟宽、路宽都要测量，大棚设施要编号，标明朝向、间隔。

另外，还要收集项目区的种植作物种类、品种、栽培模式、种植比例、株行距、种植方向、日最大耗水量、生长期、耕作层深度、轮作倒茬计划、种植面积、种植分布图、原有的高产农业技术措施、产量及灌溉制度等。

（二）绘制田间布局图

依照田间测量的参数，综合上述用户意愿，选择合适的水肥一体化设施类型，绘制田间布局图和管网布局图。根据灌水器流量和每路管网的长度，计算建立水力损失表，分配干管、主管、支管的管径，结合水泵的功率等参数，确定并分好轮灌区，并在图上对管道和节点等编号，对应编号数值列表备查。最后配置灌溉首部设备和施肥设备。

（三）造价预算

综合上述结果，列出各部件清单，根据市场价格给出造价预算单。把预算结果提供给用户，通过双方实际情况再进行优化修改，定稿。

二、水肥一体化智能灌溉系统的设计

（一）水肥一体化智能灌溉系统组成

智能化灌溉系统可分为 6 个子系统：作物生长环境监测系

统、远程设备控制系统、视频监测系统、通信系统、服务器、用户管理系统。

1. 作物生长环境监测系统

作物生长环境监测系统主要为土壤墒情监测系统（土壤含水量监测系统）。土壤墒情监测系统根据示范区的面积、地形及种植作物的种类，配备数量不等的土壤水分传感器，以采集示范区内土壤含水量，将采集到的数据进行分析处理，并通过嵌入式智能网关发送到服务器。示范区用户根据种植作物的实际需求，以采集到的土壤墒情（土壤含水量）参数为依据实现智能化灌溉。通过无线网络传输数据，在满足网络通信距离的范围内，用户可根据需要调整采集器的位置。

2. 远程设备控制系统

远程设备控制系统实现对固定式喷灌机以及水肥一体化基础设施的远程控制。预先设置喷灌机开闭的阈值，根据实时采集到的土壤含水量数据生成自动控制指令，实现自动化灌溉功能。也可通过手动或者定时等不同的模式实现喷灌机的远程控制。此外，系统能够实时检测喷灌机的开闭状态。

3. 视频监测系统

视频监测系统实现对示范区关键部位的可视化监测，根据示范区的布局安置高清摄像头，一般安装在作物的种植区内和固定式喷灌机的附近，视频数据通过光纤传输至监控界面，园区管理者可通过实时的视频查看作物生长状态及灌溉效果。

4. 通信系统

如果域范围比较广阔，地形复杂，则有线通信难度较大。ZigBee 是一项新型的无线通信技术，可实现示范区内的通信。ZigBee 网络可以自主实现自组网、多跳、就近识别等功能，该网络的可靠性好，当现场的某个节点出现问题时，其余的节点会自动寻找其他的最优路径，不会影响系统的通信线路。ZigBee 通信模块转发的数据最终汇集于中心节点进行数据的打包压缩，然后通过嵌入式智能网关发送到服务器。

5. 服务器

服务器为一个管理数据资源并为用户提供服务的计算机，具有较高的安全性、稳定性和处理能力，为智能化灌溉系统提供数据库管理服务和 Web 服务。

6. 用户管理系统

用户可通过个人计算机和手持移动设备，登录用户管理系统。不同的用户需要分配不同的权限，系统会对其开放不同的功能。例如，高级管理员一般为示范区相关主要负责人，具有查看信息、对比历史数据、配置系统参数、控制设备等权限；一般管理员为种植管理员、采购和销售人员等，具有查看数据信息、控制设备、记录作物配肥信息和出入库管理等权限；访问者为产品消费者和政府人员等，具有查看产品生长信息、园区作物生长状况等权限。用户管理系统安装在园区的管理中心，具体设施包括用户管理系统操作平台和可供实时查看示范区作物生长情况的设施。

（二）水肥一体化智能灌溉系统设计

1. 系统布局

Zigbee 无线局域网络具有结构灵活、自组网络、就近识别等特点，对于土壤湿度传感器的控制器节点的布设相对灵活。根据园区种植作物种类的不同及各种作物对土壤含水量需求的不同布设土壤湿度传感器；根据园区内铺设的灌溉管道、固定式喷灌机位置及作物的分时段、分区域供水需要安装远程控制器设备（每套远程控制器设备包括核心控制器、无线通信模块、若干个控制器扩展模组及其安装配件），每套控制器设备

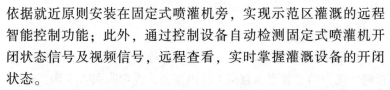

依据就近原则安装在固定式喷灌机旁，实现示范区灌溉的远程智能控制功能；此外，通过控制设备自动检测固定式喷灌机开闭状态信号及视频信号，远程查看，实时掌握灌溉设备的开闭状态。

在项目的实施中，根据示范区的具体情况（包括地理位置、地理环境、作物分布、区域划分等）安装墒情监测站。远程控制设备后期需要安装在灌溉设备的控制柜旁，通过引线的方式实现对喷灌机包括水肥一体化基础设施的远程控制。

2. 网络布局

土壤墒情监测设备和远程控制器设备分别内置 ZigBee 模块和 GPRS 模块，都作为通信网络的节点。嵌入式智能网关是一定区域内的 ZigBee 网络的中心节点，共同组成一个小型的局域网络，实现园区相应区域的网络通信，并通过 2G/3G 网络实现与服务器的数据传输。

三、水肥一体化设备安装与调试

（一）首部设备安装与调试

1. 负压变频供水设备安装

负压变频供水设备安装处应符合控制柜对环境的要求，柜前后应有足够的检修通道，进入控制柜的电源线径、控制柜前级的低压柜的容量应有一定的余量，各种检测控制仪表或设备应安装于系统贯通且压力较稳定处，不应对检测控制仪表或设备产生明显的不良影响。如安装于高温（高于 45℃）或具有腐蚀性的地方，在签订订货单时应作具体说明。在已安装时发现安装环境不符合时，应及时与原供应商取得联系进行更换。

水泵安装应注意进水管路无泄漏，地面应设置排水沟，并应设置必需的维修设施。水泵安装尺寸见各类水泵安装说明书。

2. 潜水泵安装

（1）安装方法。

拆下水泵上部出水口接头，用法兰连接止回阀，止回阀箭头指向水流方向。管道垂直向上伸出池面，经弯头引入泵房，在泵房内与过滤器连接，在过滤器前开一个施肥口，连接施肥泵，前后安装压力表。水泵在水池底部需要垫高 0.2 米左右，防止淤泥堆积，影响散热。

（2）施肥方法。

第一步，开启电机，使管道正常供水，压力稳定。第二步，开启施肥泵，调整压力，开始注肥。注肥时需要有操作人员照看，随时关注压力变化及肥量变化，注肥管压力要比出水管压力稍大一些，保证能让肥液注进出水管，但压力不能太大，以免引起倒流，肥料注完后，再灌 15 分钟左右的清水，把管网内的剩余肥液送到作物根部。

3. 离心自吸泵安装

（1）安装使用方法。

第一步，建造水泵房和进水池，泵房占地 3 米×5 米以上，并安装一扇防盗门，进水池 2 米×3 米。

第二步，安装离心自吸泵，进水口连接进水管到进水池底部，出口连接过滤器，一般两个并联。外装水表、压力表及排气阀（排气阀安装在出水管墙外位置，水泵启停时排气阀会溢水，保持泵房内不被水溢湿）。

第三步，安装吸肥管，在吸水管三通处连接阀门，再接过滤器，过滤器与水流方向要保持一致，连接钢丝软管和底阀。

第四步，施肥桶可以配 3 只左右，每只容量 200 升左右，通过吸肥管分管分别放进各肥料桶内，可以在吸肥时，把不能同时混配的肥料分桶吸入，在管道中混合。

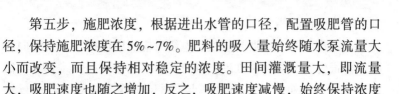

第五步，施肥浓度，根据进出水管的口径，配置吸肥管的口径，保持施肥浓度在5%~7%。肥料的吸入量始终随水泵流量大小而改变，而且保持相对稳定的浓度。田间灌溉量大，即流量大，吸肥速度也随之增加，反之，吸肥速度减慢，始终保持浓度相对稳定。

（2）注意事项。

施肥时要保持吸肥过滤器和出水过滤器畅通，如遇堵塞，应及时清洗；施肥过程中，当施肥桶内肥液即将吸干时，应及时关闭吸肥阀，防止空气进入泵体产生气蚀。

（二）管网设备安装

1. 开挖沟槽

铺设管网的第一步是开沟挖槽，一般沟宽0.4米、深0.6米左右，呈"U"形，挖沟要平直，深浅一致，转弯处以90°和135°处理。沟的坡面呈倒梯形，上宽下窄，防止泥土坍塌导致重复工作。在适合机械施工的较大场地，可以用机械施工，在田间需要人工作业。

开挖沟槽时，沟底设计标高上下0.3米的原状土应予保留，禁止扰动，铺管前用人工清理，但一般不宜挖于沟底设计标高以下，如局部超挖，需用沙土或合乎要求的原土填补并分层夯实，要求最后形成的沟槽底部平整、密实、无坚硬物质。

当槽底为岩石时，应铲除到设计标高以下不小于0.15米，挖深部分用细沙或细土回填密实，厚度不小于0.15米；当原土为盐碱土时，应铺垫细沙或细土。

当槽底土质极差时，可将管沟挖得深一些，然后在挖深的管底用沙填平，用水淹没后再将水吸掉（水淹法），使管底具有足够的支撑力。

凡可能引起管道不均匀沉降地段，其地基应进行处理，并可采取其他防沉降措施。

开挖沟槽时，如遇有管线、电缆时应加以保护，并及时向相关单位报告，及时解决处理，以防发生事故造成损失。开挖沟槽土层要坚实，如遇松散的回填土、腐殖土或石块等，应进行处理，散土应挖出，重新回填，回填厚度不超过 20 厘米时进行碾压，腐殖土应挖出换填沙砾料，并碾压夯实，如遇石块，应清理出现场，换土质较好的土回填。在开挖沟槽过程中，应对沟槽底部高程及中线随时测控，以防超挖或偏位。

2. 回填

在管道安装与铺设完毕后回填，回填的时间宜在一昼夜中气温最低的时刻，管道两侧及管顶以上 0.5 米内的回填土，不得含有碎石、砖块、冻土块及其他杂硬物体。回填土应分层夯实，一次回填高度宜 0.1~0.15 米，先用细沙或细土回填管道两侧，人工夯实后再回填第二层，直至回填到管顶以上 0.5 米处，沟槽的支撑应在保证施工安全情况下，按回填依次拆除，拆除竖板后，应以沙土填实缝隙。在管道或试压前，管顶以上回填土高度不宜小于 0.5 米，管道接头处 0.2 米范围内不可回填，以使观察试压时事故情况。管道试压合格后的大面积回填，宜在管道内充满水的情况下进行。管道敷设后不宜长时间处于空管状态，管顶 0.5 米以上部分的回填土内允许有少量直径不大于 0.1 米的石块。采用机械回填时，要从管的两侧同时回填，机械不得在管道上方行驶。规范操作能使地下管道更加安全耐用。

3. PVC 管道安装

与 PVC 管道配套的是 PVC 管件，管道和管件之间用专用粘接剂粘接，这种粘接剂能把 PVC 管材、管件表面溶解成胶状，在连接后物质相互渗透，72 小时后即可连成一体。所以，在涂胶的时候应注意胶水用量，不能太多，过多的胶水会沉积

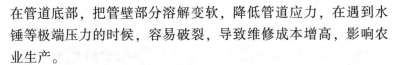

在管道底部，把管壁部分溶解变软，降低管道应力，在遇到水锤等极端压力的时候，容易破裂，导致维修成本增高，影响农业生产。

（1）截管。

施工前按设计图纸的管径和现场核准的长度（注意扣除管、配件的长度）进行截管。截管工具选用割刀、细齿锯或专用断管机具；截口端面平整并垂直于管轴线（可沿管道圆周作垂直管轴标记再截管）；去掉截口处的毛刺和毛边并磨（刮）倒角（可选用中号砂纸、板锉或角磨机），倒角坡度宜为 15°~20°，倒角长度约为 1.0 毫米（小口径）或 2~4 毫米（中、大口径）。

管材和管件在粘接前应用棉纱或干布将承口、插口处粘接表面擦拭干净，使其保持清洁，确保无尘沙与水迹。当表面沾有油污时需用棉纱或干布蘸丙酮等清洁剂将其擦净。棉纱或干布不得带有油腻及污垢。当表面黏附物难以擦净时，可用细砂纸打磨。

（2）粘接。

①试插及标线。粘接前应进行试插以确保承口、插口配合情况符合要求，并根据管件实测承口深度在管端表面划出插入深度标记（粘接时需插入深度即承口深度），对中、大口径管道尤其需注意。

②涂胶。涂抹胶水时需先涂承口，后涂插口（管径≥90 毫米的管道承、插面应同时涂刷），重复 2~3 次，宜先环向涂刷再轴向涂刷，胶水涂刷承口时由里向外，插口涂刷应为管端至插入深度标记位置，刷胶纵向长度要比待粘接的管件内孔深度要稍短些，胶水涂抹应迅速、均匀、适量，粘接时保持粘接面湿润且软化。涂胶时应使用鬃刷或尼龙刷，刷宽应为管径的 1/3~1/2，并宜用带盖的敞口容器盛装，随用随开。

③连接及固化。承、插口涂抹粘接剂后应立即找正方向将管端插入承口并用力挤压，使管端插入至预先划出的插入深度标记处（即插至承口底部），并保证承、插接口的直度；同时需保持必要的施力时间（管径<63毫米的为30~60秒，管径≥63毫米的为1~3分钟）以防止接口滑脱。当插至1/2承口再往里插时宜稍加转动，但不应超过90°，不应插到底部后进行旋转。

④清理。承、插口粘接后应将挤出的粘接剂擦净。粘接后，固化时间2小时，至少72小时后才可以通水。管道粘接不宜在湿度很大的环境下进行，操作场所应远离火源，防止撞击和避免阳光直射，在温度低于-5℃环境中不宜进行，当环境温度为低温或高温时需采取相应措施。

4. PE 管道安装

PE管道采用热熔方式连接，有对接式热熔和承插式热熔，一般大口径管道（DN100以上）都用对接热熔连接，有专用的热熔机，具体可根据机器使用说明进行操作。DN80以下均可以用承插方式热熔连接。热熔方式连接的优点是热熔机轻便，可以手持移动；缺点是操作需要2人以上，承插后，管道热熔口容易过热缩小，影响过水。

（1）准备工作。

管道连接前，应对管材和管件现场进行外观检查，符合要求方可使用。主要检查项目包括外表面质量、配件质量、材质的一致性等。管材管件的材质一致性直接影响连接后的质量。在寒冷天气（-5℃以下）和大风环境条件下进行连接时，应采取保护措施或调整连接工艺。管道连接时管端应洁净，每次收工时管口应临时封堵，防止杂物进入管内。热熔连接前后，连接工具加热面上的污物应用洁净棉布擦净。

（2）承插连接方法。

此方法将管材表面和管件内表面同时无旋转地插入熔接器的模头中加热数秒，然后迅速撤去熔接器，把已加热的管子快速地垂直插入管件，保压、冷却、连接。连接流程：检查—切管—清理接头部位及划线—加热—撤熔接器—找正—管件套入管子并校正—保压、冷却。

①要求管子外径大于管件内径，以保证熔接后形成合适的凸缘。

②加热：将管材外表面和管件内表面同时无旋转地插入熔接器的模头中加热数秒，加热温度为260℃。

③插接：管材管件加热到规定的时间后，迅速从熔接器的模头中拔出并撤去熔接器，快速找正方向，将管件套入管段至划线位置，套入过程中若发现歪斜应及时校正。

④保压、冷却：冷却过程中，不得移动管材或管件，完全冷却后才可进行下一个接头的连接操作。

热熔承插连接应符合下列规定：热熔承插连接管材的连接端应切割垂直，并应用洁净棉布擦净管材和管件连接面上的污物，标出插入深度，刮除其表皮；承插连接前，应校直两对应的待连接件，使其在同一轴线上；插口外表面和承口内表面应用热熔承插连接工具加热；加热完毕，连接件应迅速脱离承接连接工具，并应用均匀外力插至标记深度，使待连接件连接结实。

（3）热熔对接连接

热熔对接连接是将与管轴线垂直的两管子对应端面与加热板接触使之加热熔化，撤去加热板后，迅速将熔化端压紧，并保证压至接头冷却，从而连接管子。这种连接方式不需要管件，连接时必须使用对接焊机。热熔对接连接一般分为5个阶段：预热阶段、吸热阶段、加热板取出阶段、对接阶段、冷却阶段。加热温度和各个阶段所需要的压力及时间应符合热熔连接机具生产厂和管材、管件生产厂的规定。连接程序：装夹管子—铣削连接面—加热端面—撤加热板—对接—保压、冷却。

①将待连接的两管子分别装夹在对接焊机的两侧夹具上，管子端面应伸出夹具20~30毫米，并调整两管子使其在同一轴线上，管口错边不宜大于管壁厚度的10%。

②用专用铣刀同时铣削两端面，使其与管轴线垂直，待两连接面相吻合后，铣削后用刷子、棉布等工具清除管子内外的碎屑及污物。

③当加热板的温度达到设定温度后，将加热板插入两端面间同时加热熔化两端面，加热温度和加热时间按对接工具生产厂或管材生产厂的规定，加热完毕快速撤出加热板，接着操纵对接焊机使其中一根管子移动至两端面完全接触并形成均匀凸缘，保持适当压力直到连接部位冷却到室温为止。

热熔对接焊接时，要求管材或管件应具有相同熔融指数。另外，采用不同厂家的管件时，必须选择与之相匹配的焊机才能取得最佳的焊接效果。热熔连接保压、冷却时间，应符合热熔连接工具生产厂和管件、管材生产厂的规定，保证冷却期间不得移动连接件或在连接件上施加外力。

（三）滴灌设备安装与调试

作物的生物学特征各异，栽培的株距、行距也不一样，为了达到灌溉均匀的目的，所要求滴灌带滴孔距离、规格、孔洞一样。通常滴孔距离为15厘米、20厘米、30厘米、40厘米，常用的有20厘米、30厘米。这就要求滴灌设施实施过程中，需要考虑使用单条滴灌带端部首端和末端滴孔出水量均匀度相同且前后误差在10%以内的产品。在设计施工过程中，需要根据实际情况，选择合适规格的滴灌带，还要根据这种滴灌带的流量等技术参数，确定单条滴灌带的铺设最佳长度。

1. 滴灌设备安装

（1）灌水器选型。

大棚栽培作物一般选用内镶滴灌带，规格 16 毫米×200 毫米或 16 毫米×300 毫米，壁厚可以根据投资需求选择 0.2 毫米、0.4 毫米、0.6 毫米，滴孔朝上，平整地铺在畦面的地膜下面。

（2）滴灌带数量。

可以根据作物种植要求和投资意愿，决定每畦铺设的条数，通常每畦至少铺设一条，两条最好。

（3）滴灌带安装。

棚头横管用 25"，每棚一个总开关，每畦另外用旁通阀，在多雨季节，大棚中间和棚边土壤湿度不一样，可以通过旁通阀调节灌水量。

铺设滴灌带时，先从下方拉出。由一人控制，另一人拉滴灌带，当滴管带略长于畦面时，将其剪断并将末端折扎，防止异物进入。首部连接旁通或旁通阀，要求滴灌带用剪刀裁平，如果附近有滴头，则剪去不要，把螺旋螺帽往后退，把滴灌带平稳套进旁通阀的口部，适当摁住，再将螺帽往外拧紧即可。将滴灌带尾部折叠并用细绳扎住，打活结，以方便冲洗（用带用堵头也可以，只是在使用过程中受水压泥沙等影响，不容易拧开冲洗，直接用线扎住方便简单）。

把黑管连接总管，三通出口处安装球阀，配置阀门井或阀门箱保护。整体管网安装完成后，通水试压，冲出施工过程中留在管道内的杂物，调整缺陷处，然后关水，滴灌带上堵头，25" 黑管上堵头。

2. 设备使用技术

（1）滴灌带通水检查。

在滴灌受压出水时，正常滴孔的出水是呈滴水状的，如果有其他洞孔，出水是呈喷水状的，在膜下会有水柱冲击的响声，所以要巡查各处，检查是否有虫咬或其他机械性破洞，发现后及时修补。在滴灌带铺设前，一定要对畦面的地下害虫或越冬害虫进行一次灭杀。

（2）灌水时间。

初次灌水时，由于土壤团粒疏松，水滴容易直接往下顺着土块空隙流到沟中，没能在畦面实现横向湿润。所以要短时间、多次、间歇灌水，让畦面土壤形成毛细管，促使水分横向湿润。

瓜果类作物在营养生长阶段，要适当控制水量，防止枝叶生长过旺影响结果。在作物挂果后，滴灌时间要根据滴头流量、土壤湿度、施肥间隔等情况决定。一般在土壤较干时滴灌3~4小时，而当土壤湿度居中，仅以施肥为目的时，水肥同灌约1小时较合适。

（3）清洗过滤器。

每次灌溉完成后，需要清洗过滤器。每3~4次灌溉后，特别是水肥灌溉后，需要把滴灌带堵头打开冲水，将残留在管壁内的杂质冲洗干净。作物采收后，集中冲水一次，收集备用。如果是在大棚内，只需要把滴灌带整条拆下，挂到大棚边的拱管上即可，下次使用时再铺到膜下。

四、水肥一体化系统的运行管理

（一）准备工作

使用前的准备工作主要是检查系统是否按设计要求安装到位，检查系统主要设备和仪表是否正常，对损坏或漏水的管段及配件进行修复。

1. 检查水泵与电机

检查水泵与电机所标示的电压、频率与电源电压是否相符，检查电机外壳接地是否可靠，检查电机是否漏油。

2. 检查过滤器

检查过滤器安装位置是否符合设计要求，是否有损坏，是否需要冲洗。介质过滤器在首次使用前，在罐内注满水并放入一包氯球，搁置30分钟后按正常使用方法反冲一次。此次反冲并可预先搅拌介质，使之颗粒松散，接触面展开。然后充分清洗过滤器的所有部件，紧固所有螺丝。离心式过滤器冲洗时先打开压盖，将沙子取出冲净即可。网式过滤器手工清洗时，扳动手柄，放松螺杆，打开压盖，取出滤网，用软刷子刷洗筛网上的污物并用清水冲洗干净。叠片过滤器要检查和更换变形叠片。

3. 检查肥料罐或注肥泵

检查肥料罐或注肥泵的零部件和与系统的连接是否正确，清除罐体内的积存污物以防进入管道系统。

4. 检查其他部件

检查所有的末端竖管，是否有折损或堵头丢失。前者取相同零件修理，后者补充堵头。检查所有阀门与压力调节器是否启闭自如，检查管网系统及其连接微管，如有缺损应及时修补。检查进排气阀是否完好，并打开。关闭主支管道上的排水底阀。

5. 检查电控柜

检查电控柜的安装位置是否得当。电控柜应防止阳光照射，并单独安装在隔离单元，要保持电控柜房间的干燥。检查电控柜的接线和保险是否符合要求，是否有接地保护。

（二）灌溉操作

水肥一体化系统包括单户系统和组合系统。组合系统需要分组轮灌。系统的简繁不同，灌溉作物和土壤条件不同都会影响到灌溉操作。

1. 管道充水试运行

在灌溉季节首次使用时，必须进行管道充水冲洗。充水前应开启排污阀或泄水阀，关闭所有控制阀门，在水泵运行正常后缓慢开启水泵出水管道上的控制阀门，然后从上游至下游逐条冲洗管道，充水中应观察排气装置工作是否正常。管道冲洗后应缓慢关闭泄水阀。

2. 水泵启动

要保证动力机在空载或轻载下启动。启动水泵前，首先关闭总阀门，并打开准备灌水的管道上所有排气阀排气，然后启动水泵向管道内缓慢充水。启动后观察和倾听设备运转是否有异常声音，在确认启动正常的情况下，缓慢开启过滤器及控制田间灌溉所需轮灌组的田间控制阀门，开始灌溉。

3. 观察压力表和流量表

观察过滤器前后的压力表读数差异是否在规定的范围内，压差读数达到 7 米水柱（约 $7×10^4$ 帕），说明过滤器内堵塞严重，应停机冲洗。

4. 冲洗管道

新安装的管道（特别是滴灌管）第一次使用时，要先放开管道末端的堵头，充分放水冲洗各级管道系统，把安装过程中积聚的杂质冲洗干净后，封堵末端堵头，然后才能开始使用。

5. 田间巡查

要到田间巡回检查轮灌区的管道接头和管道是否漏水，各个灌水器是否正常。

(三) 施肥操作

施肥过程是伴随灌溉同时进行的，施肥操作在灌溉进行 20~30 分钟后开始，并确保在灌溉结束前 20 分钟以上的时间内结束，这样可以保证对灌溉系统的冲洗和尽可能地减少化学物质对灌水器的堵塞。

施肥操作前要按照施肥方案将肥料准备好，对于溶解性差的肥料可先将肥料溶解在水中。不同的施肥装置在操作细节上有所不同。

1. 泵吸肥法

根据轮灌区的面积或果树的株数计算施肥量，然后将肥料倒入施肥池。开动水泵，放水溶解肥料。打开出肥口处开关，肥料被吸入主管道。通常面积较大的灌区吸肥管用管径 50~70 毫米的 PVC 管，方便调节施肥速度。对较大面积的灌区（如 500 亩以上），可以在肥池或肥桶上画刻度。一次性将当次的肥料溶解好，然后通过刻度分配到每个轮灌区。假设一个轮灌区需要一个刻度单位的肥料，当肥料溶液到达一个刻度时，立即关闭施肥开关，继续灌溉冲洗管道。冲洗完后打开下一个轮灌区，打开施肥池开关，等到达第二个刻度单位时表示第二轮灌区施肥结束，依次进行操作。采用这种办法对大型灌区的施肥可以提高工作效率，减轻劳动强度。

在北方一些井灌区水温较低，肥料溶解慢。一些肥料即使在较高水温下溶解也慢（如硫酸钾）。这时在肥池内安装搅拌设备可显著加快肥料的溶解，一般搅拌设备由减速机（功率 1.5~3.0 千瓦）、搅拌桨和固定支架组成。搅拌桨通常要用 304 不锈钢制造。

2. 泵注肥法

南方地区的果园，通常都有打药机。许多果农利用打药机作注肥泵用。具体做法是：在泵房外侧建一个砖水泥结构的施肥池，一般 3~4 米³，通常高 1 米、长宽均 2 米。以不漏水为质量要求。池底最好安装一个排水阀门，方便清洗排走肥料池的杂质。施肥池内侧最好用油漆画好刻度，以 0.5 米³ 为一格。安装 1 个吸肥泵将池中溶解好的肥料注入输水管。吸肥泵通常用旋涡自吸泵，扬程须高于灌溉系统设计的最大扬程，通常的参数为：电源 220 伏或 380 伏，功率 0.75~1.1 千瓦，扬程 50 米，流量 3~5

米³/小时。施肥速度方便调节。它适合用于时针式喷灌机、喷水带、卷盘喷灌机等灌溉系统。它克服了压差施肥罐的所有缺点。特别是使用地下水的情况下，由于水温低（9~10℃），肥料溶解慢，可以提前放水升温，自动搅拌溶解肥料。通常减速搅拌机的电机功率为1.5千瓦。搅拌装置用不生锈材料做成倒"T"形。

3. 压差式施肥罐

（1）压差施肥罐的运行。

压差施肥罐的操作运行顺序如下。

第一步，根据各轮灌区具体面积或作物株数计算好当次施肥的数量。称好或量好每个轮灌区的肥料。

第二步，用两根各配一个阀门的管子将旁通管与主管接通，为便于移动，每根管子上可配用快速接头。

第三步，将液体肥直接倒入施肥罐，若用固体肥料则应先行单独溶解并通过滤网注入施肥罐。有些用户将固体肥直接投入施肥罐，使肥料在灌溉过程中溶解，这种情况下用较小的罐即可，但需要5倍以上的水量以确保所有肥料被用完。

第四步，注完肥料溶液后，扣紧罐盖。

第五步，检查旁通管的进出口阀均关闭而节制阀打开，然后打开主管道阀门。

第六步，打开旁通进出口阀，然后慢慢地关闭节制阀，同时注意观察压力表，得到所需的压差。

第七步，对于有条件的用户，可以用电导率仪测定施肥所需时间。施肥完后关闭进口阀门。

第八步，要施下一罐肥时，必须排掉部分罐内的积水。在施肥罐进水口处应安装一个1/2″的进排气阀或1/2″的球阀。打开罐底的排水开关前，应先打开排气阀或球阀，否则水排不出去。

（2）压差施肥罐施肥时间监测方法。

压差施肥罐是按数量施肥方式，开始施肥时流出的肥料浓度高，随着施肥进行，罐中肥料越来越少，浓度越来越稀。灌溉施肥的时间取决于肥料罐的容积及其流出速率：

$$T = 4V/Q$$

式中，T 为施肥时间；V 为肥料罐容积；Q 为流出液速率；4是指肥料溶液需 4 倍的水流入肥料罐中才能把肥料全部带入灌溉系统中。

因为施肥罐的容积是固定的，当需要加快施肥速度时，必须使旁通管的流量增大。此时要把节制阀关得更紧一些。

了解施肥时间对应用压差施肥罐施肥具有重要意义。当施下一罐肥时必须要将罐内的水放掉 1/2～2/3，否则无法加放肥料。如果对每一罐的施肥时间不了解，可能会出现肥未施完即停止施肥，将剩余肥料溶液排走而浪费肥料。或肥料早已施完但心中无数，盲目等待，后者当单纯为施肥而灌溉时，会浪费水源或电力，增加施肥人工。特别在雨季或土壤不需要灌溉而只需施肥时更需要加快施肥速度。

（3）压差施肥罐使用注意事项。

压差施肥罐使用时，应注意以下事项。

①罐体较小时（小于 100 升），固体肥料最好溶解后倒入肥料罐，否则可能会堵塞罐体。特别在压力较低时可能会出现这种情况。

②有些肥料可能含有一些杂质，倒入施肥罐前先溶解过滤，滤网 100～120 目。如直接加入固体肥料，必须在肥料罐出口处安装一个 1/2″ 的筛网过滤器。或者将肥料罐安装在主管道的过滤器之前。

③每次施完肥后，应对管道用灌溉水冲洗，将残留在管道中

的肥液排出。一般滴灌系统20~30分钟，微喷灌5~10分钟。如有些滴灌系统轮灌区较多，而施肥要求在尽量短的时间完成，可考虑测定滴头处电导率的变化来判断清洗的时间。一般的情况是一个首部枢纽的灌溉面积越大，输水管道越长，冲洗的时间也越长。冲洗是个必需过程，因为残留的肥液存留在管道和滴头处，极易滋生藻类、青苔等，堵塞滴头；在灌溉水硬度较大时，残存肥液在滴头处形成沉淀，造成堵塞。及时的冲洗基本可以防止此类问题发生。但在雨季施肥时，可暂时不洗管，等天气晴朗时补洗，否则会造成过量灌溉淋洗肥料。

④肥料罐需要的压差由入水口和出水口间的节制阀获得。因为灌溉时间通常多于施肥时间，不施肥时节制阀要全开。经常性的调节阀门可能会导致每次施肥的压力差不一致（特别当压力表量程太大时，判断不准），从而使施肥时间把握不准确。为了获得一个恒定的压力差，可以不用节制阀门，代之以流量表（水表）。水流流经水表时会造成一个微小压差，这个压差可供施肥罐用。当不施肥时，关闭施肥罐两端的细管，主管上的压差仍然存在。在这种情况下，不管施肥与否，主管上的压力都是均衡的。因这个由水表产生的压差是均衡的，无法调控施肥速度，所以只适合深根作物。对浅根系作物在雨季要加快施肥，这种方法不适用。

4. 重力自压式施肥法

施肥时先计算好每轮灌区需要的肥料总量，倒入混肥池，加水溶解，或溶解好直接倒入。打开主管道的阀门，开始灌溉。然后打开混肥池的管道，肥液即被主管道的水流稀释带入灌溉系统。通过调节球阀的开关位置，可以控制施肥速度。当蓄水池的液位变化不大时（丘陵山地果园，许多情况下是一边灌溉一边抽水至水池），施肥的速度可以相当稳定，保持恒定养分浓度。如采用滴灌施肥，施肥结束后需继续灌溉一段时间，冲洗管道。如拖管淋水肥则无此必要。通常混肥池用水泥建造坚固耐用，造价低。也可直接用塑料桶作混肥池用。有些用户直接将肥料倒入蓄水池，灌溉时将整池水放干净。由于蓄水池通常体积很大，要彻底放干水很不容易，会残留一些肥液在池中。加上池壁清洗困难，也有养分附着。当重新蓄水时，极易滋生藻类、青苔等，堵塞过滤设备。应用重力自压式灌溉施肥，当采用滴灌时，一定要将混肥池和蓄水池分开，二者不可共用。

静水微重力自压施肥法曾被国外某些公司在我国农村提倡推广，其做法是在棚中心部位将储水罐架高 80~100 厘米，将肥料放入敞开的储水罐溶解，肥液经过罐中的筛网过滤器过滤后靠水的重力滴入土壤。

5. 文丘里施肥器

虽然文丘里施肥器可以按比例施肥，在整个施肥过程中保持恒定浓度供应，但在制定施肥计划时仍然按施肥数量计算。比如一个轮灌区需要多少肥料要事先计算好。如用液体肥料，则将所需体积的液体肥料加到储肥罐（或桶）中。如用固体肥料，则先将肥料溶解配成母液，再加入储肥罐，或直接在储肥罐中配制母液。当一个轮灌区施完肥后，再安排下一个轮灌区。

当需要连续施肥时，对每一轮灌区先计算好施肥量。在确定施肥速度恒定的前提下，可以通过记录施肥时间或观察施肥桶内壁上的刻度来为每一轮灌区定量。对于有辅助加压泵的施肥器，在了解每个轮灌区施肥量（肥料母液体积）的前提下，安装一个定时器来控制加压泵的运行时间。在自动灌溉系统中，可通过控制器控制不同轮灌区的施肥时间。当整个施肥可在当天完成时，可以统一施肥后再统一冲洗管道，否则必须将施过肥的管道当日冲洗。冲洗的时间要求同旁通罐施肥法。

（四）轮灌组更替

根据水肥一体化灌溉施肥制度，观察水表水量确定达到要求的灌水量时，更换下一轮灌组地块，注意不要同时打开所有分灌阀。首先打开下一轮灌组的阀门，再关闭第一个轮灌组的阀门，进行下一轮灌组的灌溉，操作步骤按以上重复。

（五）停止灌溉

所有地块灌溉施肥结束后，先关闭灌溉系统水泵开关，然后关闭田间的各开关。对过滤器、施肥罐、管路等设备进行全面检查，达到下一次正常运行的标准。注意冬季灌溉结束后要把田间位于主支管道上的排水阀打开，将管道内的水尽量排净，以避免管道留有积水冻裂管道，此阀门冬季不必关闭。

第三节　水肥一体化灌溉施肥制度

对于规模化种植和设施农业使用的水肥一体化来说，安装设备只是第一步，关键的是使水肥一体化设备的效率最大化，这就需要建立完善的灌溉施肥制度。

一、灌溉施肥制度的主要内容

灌溉施肥制度是指为了保证作物的稳产高产，根据作物需水需肥特性和当地气候、土壤、农业技术等因素而制定的及时合理进行灌溉施肥的一整套方案。

灌溉施肥制度主要包括以下方面。

1. 灌水次数

根据作物生长周期和当地气候条件，确定整个生长季节需要灌溉的次数。

2. 间隔时间

每次灌溉之间的时间间隔，需考虑作物需水规律、土壤保水能力以及季节气候变化等因素。

3. 每次灌水量

每次灌溉时给予作物的水量，应确保作物根系得到充分的水分供应，同时避免水分过多导致根系缺氧。

4. 施肥次数

在作物生长过程中，根据作物养分需求和土壤养分状况，确定施肥的次数。

5. 施肥量

每次施肥时提供的肥料量，需根据作物种类、生长阶段和目标产量等因素来确定。

6. 施肥品种

选择适合作物需求和土壤条件的肥料品种，确保作物能够吸收到足够的氮、磷、钾等关键营养元素。

二、制定灌溉施肥制度的原则

在制定灌溉施肥制度时，应遵循以下原则。

1. 肥随水走

即肥料应随着灌溉水一起施入土壤，确保肥料能够均匀分布在作物根系周围，提高肥料利用率。

2. 少量多次

通过增加施肥次数和减少每次施肥量，可以避免一次性施肥过多导致的养分浪费和环境污染，同时满足作物持续生长的养分需求。

3. 分阶段拟合

根据作物不同生育期的特点和需求，制定相应的灌溉施肥方案，确保作物在不同阶段都能得到适宜的水分和养分供应。

三、灌溉施肥制度设计的依据

设计灌溉施肥制度时，需要综合考虑以下因素。

1. 作物的养分需求

首先，需要明确作物的目标产量，并据此计算出作物在整个生长周期内所需的氮、磷、钾、钙、镁、硫及微量元素等养分量。然后，根据作物不同生长阶段的需肥规律，合理配置各阶段的施肥量，确保作物在不同阶段都能获得足够的养分。

2. 土壤质地

土壤质地对灌溉施肥制度的影响主要体现在土壤保水保肥能力上。例如，沙土保水保肥效果较差，因此在沙土上种植作物时，应增加灌溉施肥的次数，同时减少每次的灌溉量和施肥量，以防止养分流失和水分蒸发过快。相反，在保水保肥能力较强的壤土上，可以适当减少灌溉施肥次数，增加每次的灌溉量和施肥量。

3. pH 的影响

土壤和灌溉水的 pH 对作物吸收肥料营养成分具有重要影响。不同作物对土壤 pH 的适应性不同，因此在制定灌溉施肥制度时，需要了解作物的 pH 适应性范围，并据此调整土壤 pH 或选择适宜的肥料品种。同时，灌溉水的 pH 也可能影响肥料的有效性，因此在使用灌溉水时，需要注意其 pH 是否适宜。

四、灌溉施肥的实时调整

主要是当出现连阴天时，蒸发量减少，要适当推迟或提前灌溉，同时减少灌水量；当出现气温高、湿度低情况时，要提前灌溉，或增加灌水量；气温过高和过低时都要减少施肥量；根据作物长势适当增减肥料用量，调整施肥量。

第四节　主要农作物水肥一体化技术应用

一、小麦水肥一体化技术应用

（一）小麦需水规律与灌溉方式

1. 小麦需水规律

水分在冬小麦一生中起着十分重要的作用，每生产 1 千克小麦需要 0.8~1.2 米³ 水。冬小麦各生育期耗水情况如下：播种后至拔节前，植株小，温度低，地面蒸发量小，耗水量占全生育期的 35%~40%，日均耗水量为 0.6 毫米；拔节到抽穗，进入旺盛生长时期，耗水量急剧上升，在 25~30 天时间内耗水量占总耗水量的 20%~25%，日均耗水量为 3.3~5.1 毫米，此期是小麦需水的临界期，如果缺水会严重减产；抽穗到成熟，35~40 天，耗水量占总耗水量的 26%~42%，日耗水量比前一段略有增加，尤其是抽穗前后，茎叶生长迅速，绿叶面积达小麦一生最大值，日耗水量约 6 毫米。

2. 小麦灌溉方式

小麦的水肥一体化技术适合灌溉的方式主要是微喷灌和滴灌。

（二）冬小麦滴灌水肥一体化栽培技术

1. 地块选择及整地

种植滴灌小麦的地块，要求深耕，增加耕层，耕深一般应达到 27~28 厘米。播种前土地应严格平整。土壤应细碎，以提高播种质量和铺管带质量。前茬作物应提前耕翻、整平，播种前应加大土壤镇压，保住底墒。滴灌小麦氮、磷、钾肥在基肥中的用量，一般占施肥总量的 50%~60%。与地面灌种植小麦相比，在基肥中，磷肥用量比例应适当加大，氮肥用量比例应适当降低10%~20%，以加大滴灌追肥用量和比例，有利于根据小麦生长情况及时调控，水肥耦合，提高肥效。

2. 播种

（1）播种机改装与农具配套。

小麦播种机应按照技术要求，提前进行检查、维修、改装，安装、铺设好毛管装置。在3.6米播幅的情况下，除盐碱地采用一机六管、一管滴四行小麦和沙性较强的地采用一机四管、一管滴六行小麦外，一般麦田均采用一机五管、一管滴五行小麦。除铺管行行距和交接行行宽20~25厘米外，其他行均为13.3厘米左右等行距播种。

按照小麦管带布置方式要求调整行距布置。一机四管、一管滴六行小麦，毛管间距为90厘米，铺毛管间距为20厘米，滴头流量1.8升/时，支管轮灌。一机五管、一管滴五行小麦，毛管间距72厘米，铺毛管行间距21厘米，滴头流量1.8升/时，支管轮灌。

（2）播种期。

滴灌小麦播种期是从播后滴水出苗之日算起的。滴灌小麦适期播种是培育壮苗、提高麦苗素质为丰产打下基础的保证。在气候正常年份，滴水出苗小麦播种期比地面灌种植一般应推迟1~2天。

（3）播种质量要求。

麦田应提前做好平整，机车事先做好调试，农具应配置好。播后及时布好支（辅）管、接好管头。播种时间与滴水出苗时间间隔不宜超过3天。播种深度保持3~3.5厘米。播行宽窄要规范，为防风吹动管带，一般要浅埋1~2厘米，但不宜过深。

3. 冬小麦生育期滴灌方式

（1）出苗水。

采用滴水出苗的麦田，水量一定滴足、滴匀。亩滴水量一般为 80~90 米³。湿润锋深度应保持在 25 厘米以下，土壤相对含水量应保持 70%~75%，以便种子吸水发芽，保持各行出苗整齐一致。如播种时土壤过于疏松或者滴水时毛管低压运行，会造成出苗水用水量过大，而且墒情不均，各行麦苗出苗不整齐。

（2）越冬水。

小麦越冬期间土壤水分，应保持在田间持水量的 70%~75%，以利越冬和返青后生长。土壤临冬封冻前滴水，具有储水防旱、稳定地温和越冬期间防冻保苗的作用。

（3）返青水。

小麦返青后是否滴水，要根据麦田实际情况而定，一般麦田不需要滴水。因为小麦返青生长期间需水较少，也防止滴水后会降低地温，延缓返青生长。除非临冬前麦田未冬灌，冬季积雪少、春旱、土壤相对含水量不足 65%~70% 的情况下，才可滴水。但盐碱地麦田，随着气温上升，土壤水分蒸发，往往会有返碱死苗现象，为抑制反碱、防止死苗，当 5 厘米土层地温连续 5 天平均≥5℃时才可进行滴灌。而且第一水滴过 5~7 天后，应连续再滴第二水，防止盐碱上升。第一次每亩滴水量 35 米³ 左右。土壤肥沃、冬前群体较大的麦田，应适当控制返青水，通过适当蹲苗的方式，抑制早春无效分蘖数量，防止群体过大，后期产生倒伏现象。

（4）拔节水。

小麦拔节至抽穗期长达 30 多天，且进入高温时期，植株蒸腾和土壤蒸发失水量较大，一般麦田除拔节前滴灌外，拔节期间尚需滴水 2~3 次，在前期群体适当调控的基础上，拔节水 5~7

天之后，紧接着滴第二水，其后 8~10 天，再滴水 1 次，每次每亩滴水 30~40 米³，土壤相对含水量 75%~80%，随着根系下扎，湿润锋应达到 40~50 厘米。

（5）孕穗水。

小麦孕穗期是开花授粉和籽粒形成的重要时期，需水迫切，对水分反应敏感，是需水"临界期"，土壤相对含水量应保持 75%~80%。孕穗期一般滴水 2 次，每次滴水 30~40 米³/亩。

（6）灌浆水。

小麦从开花到成熟，耗水量占总耗水量近 1/3，通常每日耗水量为拔节前的 5 倍，是需水量较多的时期。土壤相对含水量为 70%~85%。小麦灌浆到成熟的时间需要 32~38 天，滴水一般需要 2~3 次。第一次应滴好抽穗扬花水。抽穗扬花期滴水的作用是保花增粒、促灌浆，达到粒大、粒重及防止根系早衰的目的。每亩每次灌水量一般为 30~40 米³。滴好麦黄水能降低田间高温，缓解高温对小麦灌浆的影响。小麦受高温危害后，及时滴水能促使受害植株恢复生长，减轻危害。

4. 生育期滴肥方式

（1）滴出苗水时应带种肥。

种肥应以磷肥为主、氮肥为辅，如施用磷酸二铵作种肥，一般每亩用量为 3~5 千克。滴水出苗的麦田，播种时如未能施种肥的，在滴出苗水时，应随水滴肥，每亩施尿素 3~4 千克，加磷酸二氢钾 1~2 千克。

（2）返青肥。

追施返青肥，应因苗进行。对晚、弱麦苗增产效果显著；对底肥充足、麦苗生长较壮（或者旺长）、群体较大的麦田，返青时不应再追肥，以防止营养过剩、早衰无效分蘖太多、群体过大、麦苗基部光照不足、节间生长过长而引起后期植株倒伏。

（3）拔节肥。

拔节肥追肥时间一般从春3叶开始，结合滴水进行。瘦地、弱苗应适当提前；土壤肥沃、小麦群体较大，滴肥应适当延迟。拔节期经历时间较长，随水滴肥一般进行3次，要"少吃多餐"，第一次滴肥5~7天后，随水紧接着再滴第二次，每亩每次滴施尿素5~7千克，加磷酸二氢钾2~3千克。

（4）孕穗肥。

随着小麦单产提高和大穗型品种广泛的应用，应改变过去小麦中、低产阶段用肥的模式。一般麦田结合滴水每亩追施尿素3~5千克，加磷酸二氢钾2~3千克。对脱肥的麦田，其增产效果则更加明显。

（5）灌浆初期肥。

若土壤肥沃、植株叶片浓绿，滴水时则不宜滴肥，更不宜多施，防止引起麦苗贪青晚熟。而一般麦田可酌情滴施氮、磷肥，以提高植株生活力，促进灌浆，增加粒重。

（6）小麦生育期随水滴肥的方法和程序。

不同的土壤对肥料吸附能力大小不同，而不同的肥料随水滴施流动性也不一样，加之毛管首端压力差异和滴水数量多少不同，均可能造成小麦行间接收水肥产生差异，使小麦出苗早晚和生长情况不同，田间有时出现"高低行"和"彩带苗"现象。小麦生育期随水滴肥时，应尽量保持麦田生长整齐，在一般情况下，应先滴清水2小时左右，待土壤湿润锋达到20~25厘米时，再加入肥料滴施4~5小时，使肥料随水适当扩散，最后再滴清水1~2小时，以冲刷毛管和支（辅）管，防止肥料堵塞和腐蚀滴头。

5. 滴灌小麦机械收获

（1）收获时期。

小麦腊熟后期，籽粒中干物质积累达到高峰，是机械收获的最佳时期，此期收获小麦产量高、品质好。

（2）机收方法。

小麦滴灌最后一水结束后，趁麦秆尚未枯萎将支（辅）管撤去，为机收做准备；取下的支（辅）管放置田外，盘放整齐准备再用。小麦机械收获留茬高度一般为15厘米，如割取麦草做饲用或做工业原料，可适当降低。如麦收后计划采用两作"双滴栽培"，即滴灌小麦收获后再用滴灌方式种植夏播作物时，小麦生育期最后一次滴水应适当延迟，留茬高度可适当提高为20厘米。割下的麦草应及时运出田外或随时粉碎、均匀地撒在田间（碎草量不宜过大），通过免耕在毛管行间随机复播。

滴灌小麦田间生长均匀、整齐，成熟期一致，加之田间平整，没有沟渠和畦埂，机收进度快，工效高，抛洒、掉穗、落粒等损失普遍减少。田间机收损失率可由原来的5%~7%降低到5%以内。

二、玉米水肥一体化技术应用

（一）玉米需水规律与灌溉方式

1. 玉米需水规律

玉米各生育期的需水量是两头小、中间大。玉米不同生育期的水分需求特点是出苗到拔节期，植株矮小，气温较低，需水量较小，仅占全生育期总需水量的15%~18%；拔节期到灌浆期，玉米生长迅速，叶片增多，气温也升高，蒸腾量大，因而需求较多的水分，占总需水量的50%左右，特别是抽雄穗前后1个月内，缺水对玉米生长的影响极为明显，常形成"卡脖旱"；成熟期玉米对水分需求略有减少，此时需水量占全生育期总需水量的25%~30%，此时缺水，会使籽粒不饱满，千粒重下降。

2. 玉米灌溉方式

玉米是适宜用水肥一体化的粮食作物，可用滴灌、膜下滴

灌、微喷灌、膜下微喷灌和移动喷灌等多种灌溉模式。如采用滴
灌，一般两行玉米一条管，行距40厘米，两条滴灌管间间隔90
厘米，每亩用管量约740米。滴头间距30厘米，流量1.0~2.0
升/时，则每株玉米每小时可获得840毫升的水量。

（二）华北地区夏玉米水肥一体化技术应用

1. 精细整地，施足底肥

播种前整地起垄，宽窄行栽培，一般窄行为40~50厘米，
宽行60~80厘米。灭茬机灭茬或深松旋耕，耕翻深度要达到
20~25厘米，做到上实下虚，无坷垃、土块，结合整地施足底
肥，及时镇压，达到待播状态。一般每亩施腐熟有机肥1 000~
2 000千克、磷酸二铵15~20千克、硫酸钾5~10千克或者用复
合肥30~40千克作底肥施入。采用大型联合整地机一次完成整
地起垄作业，整地效果好。

2. 铺设滴灌管道

根据水源位置和地块形状的不同，主管道铺设方法主要有独
立式和复合式两种。独立式主管道的铺设方法具有省工、省料、
操作简便等优点，但不适合大面积作业；复合式主管道的铺设可
进行大面积滴灌作业，要求水源与地块较近，田间有可供配备使
用动力电源的固定场所。

支管的铺设形式有直接连接法和间接连接法两种。直接连接
法投入成本少，但水压损失大，造成土壤湿润程度不均；间接连
接法具有灵活性、可操作性强等特点，但增加了控制、连接件等
部件，一次性投入成本加大。支管间距离在50~70米的滴灌作
业速度与质量最好。

3. 科学选种，合理增密

地膜覆盖滴灌栽培，可选耐密型、生育期比露地品种长7~
10天、有效积温达150~200℃的品种。播前按照常规方式进行

种子处理。合理增加种植密度，用种量要比普通种植方式多15%~20%。

4. 精细播种

当耕层5~10厘米地温稳定达到8℃时即可开犁播种。用厚度0.01毫米的地膜，地膜宽度根据垄宽而定。按播种方式可分为膜上播种和膜下播种两种。

（1）膜上播种。

采用玉米膜下滴灌多功能精量播种机播种，将铺滴灌带、喷施除草剂、覆地膜、播种、掩土、镇压作业一次完成，其作业顺序是铺滴灌带→喷施除草剂→覆地膜→播种→掩土→镇压。

（2）膜下播种。

可采用机械播种、半机械播种及人工播种等方式，播后用机械将除草剂喷施于垄上，喷后要及时覆膜。地膜两侧压土要足，每隔3~4米还要在膜上压一些土，防止风大将膜刮起。膜下播种应注意及时引苗、掩苗：当玉米普遍出苗1~2片时，及时扎孔引苗，引苗后用湿土掩实苗孔；过3~5天再进行1次，将晚出的苗引出。

5. 加强田间管理

玉米膜下滴灌栽培要经常检查地膜是否严实，发现有破损或土压不实的，要及时用土压严，防止被风吹开，做到保墒保温。按照玉米作物需水规律及时滴灌。

（1）滴灌灌溉。

设备安装调试后，可根据土壤墒情适时灌溉，每次灌溉15亩，根据毛管的长度计算出一次开启的"区"数，首部工作压力在0.2兆帕内，一般10~12小时灌透，届时可转换到下一个灌溉区。

（2）追肥。

根据玉米需水需肥特点，按比例将肥料装入施肥器，随水施肥，防止后期脱肥早衰，提高水肥利用率。应计算出每个灌溉区的用肥量，将肥料在大的容器中溶解，再将溶液倒入施肥罐中。

（3）化学措施控制。

因种植密度大、温度高、水分足，植株生长快，为防止植株生长过高引起倒伏，在6~8片展叶期要采取化控措施。

（4）适当晚收。

为使玉米充分成熟、降低水分、提高品质，在收获时可根据具体情况适当晚收。

6. 清除地膜、收回及保管滴灌设备

人工或机械清膜，并将滴灌设备收回，清洗过滤网。主管、支管、毛管在玉米收获后即可收回。

三、辣椒水肥一体化技术应用

（一）辣椒需水规律与灌溉方式

1. 辣椒需水规律

辣椒属于茄科辣椒属，一年生草本植物，生长期长、产量高，类型和品种很多，辣椒喜温怕冷，喜潮湿怕水涝，忌霜冻，营养要求较高，光照要求不高，但怕强烈的日晒。

辣椒植株全身需水量不大，但由于根系浅、根量少，对土壤水分状况反应十分敏感，土壤水分状况与开花、结果的关系十分密切。辣椒既不耐旱也不耐涝，只有土壤保持湿润才能高产，但积水会使植株萎蔫。一般大果类型的甜椒品种对水分要求比小果类型辣椒品种更严格。辣椒苗期植株需水较少，以控温通风降湿为主，移栽后为满足植株生长发育应适当浇水，初花期要增加水分，着果期和盛果期需供应充足的水分。如土壤水分不足，极易引起落花落果，影响果实膨大，果实表面多皱缩、少光泽，果形弯曲。灌溉时要做到畦土不积水，如土壤水分过多，淹水数小时植株就会萎蔫，严重时成片死亡。此外，辣椒对空气湿度要求也较严格，开花结果期空气相对湿度以 60%~80% 为宜，过湿易造成病害，过干则对授粉受精和坐果不利。

2. 辣椒灌溉方式

辣椒通常起垄种植，开花结果后一些品种需要搭支架固定。适宜的灌溉方式有微喷灌、滴灌、膜下滴灌、膜下微喷灌。

（二）辣椒水肥一体化技术应用

1. 辣椒水分管理

辣椒是一种需水量不太多，但不耐旱、不耐涝，对水分要求较严格的蔬菜。苗期耗水量最少，定植到辣椒长至 3 厘米左右大小时，滴水量要少，以促根为主，适当蹲苗。进入初果期后，加大滴水量及灌水次数，土壤湿度控制在田间持水量的 70%~80%；进入盛果期，需水需肥达到高峰，土壤湿度控制在田间持水量的 75%~85%。

定植水，灌水定额 15 米³/亩；定植至实果期（7 月至 8 月上旬）4~6 天滴水 1 次，灌水定额 6~8 米³/亩；初果期（8 月中下旬）5 天滴水 1 次，灌水定额 8~10 米³/亩；盛果期（9 月）5 天滴水 1 次，灌水定额 10~15 米³/亩；植株保鲜（10—11 月）10 月上旬滴水 1 次，灌水定额 8~15 米³/亩。定植至商品上市生育期 130 天左右，滴水 20~30 次，总灌水量 190~230 米³/亩。

2. 辣椒养分管理

辣椒为吸肥量较多的蔬菜类型，每生产 1 000 千克鲜辣椒需氮 3.5~5.5 千克、五氧化二磷 0.7~1.4 千克、氧化钾 5.5~7.2 千克、氧化钙 2~5 千克、氧化镁 0.7~3.2 千克。

辣椒在各个不同生育期，所吸收的氮、磷、钾等营养物质的数量也有所不同。从出苗到现蕾，由于植株根少叶小，干物质积累较慢，因而需要的养分也少，约占吸收总量的 5%；从现蕾到初花植株生长加快，营养体迅速扩大，干物质积累量也逐渐增加，对养分的吸收量增多，约占吸收总量的11%；从初花至盛花结果是辣椒营养生长和生殖生长旺盛时期，也是吸收养分和氮素最多的时期，约占吸收总量的34%；盛花至成熟期，植株的营养生长较弱，这时对磷、钾的需要量最多，约占吸收总量的50%；在成熟果收摘后，为了及时促进枝叶生长发育，这时又需较大数量的氮肥。

3. 日光温室早春茬滴灌栽培辣椒水肥一体化施肥方案

辣椒日光温室早春茬栽培，一般4月初移栽定植，7月初采收结束。表6-1是按照微灌施肥制度的制定方法，在天津市日光温室栽培经验的基础上总结得出的日光温室早春茬辣椒滴灌施肥制度。

表6-1 日光温室早春茬辣椒滴灌施肥制度

生育时期	灌溉次数	灌水定额/[米^3/(亩·次)]	每次灌溉加入的纯养分量/（千克/亩）				备注
			N	P$_2$O$_5$	K$_2$O	N+P$_2$O$_5$+K$_2$O	
定植前	1	20	6.0	13.0	6.0	25.0	施基肥，定植后沟灌
定植—开花	2	9	1.8	1.8	1.8	5.4	滴灌，可不施肥
开花—坐果	3	14	3.0	1.5	3.0	7.5	滴灌，施肥1次
采收期	6	9	1.4	0.7	2.0	4.1	滴灌，施肥5次

应用说明：

①本方案适用于华北地区日光温室早春茬辣椒栽培种植。选择在土层深厚、土壤疏松、保水保肥性强、排水良好、中等以上肥力的砂质壤土栽培，土壤pH为7.6，土壤有机质2.5%，全氮0.15%，有效磷48毫克/千克，速效钾140毫克/千克。2月初育苗，4月初定植，7月初采收完毕，大小行种植，每亩定植

3 000~4 000 株，目标产量 4 000 千克/亩。

②定植前整地，施入基肥，亩施用腐熟有机肥约 5 000 千克，氮（N）6.0 千克、磷（P_2O_5）13.0 千克和钾（K_2O）6.0 千克，肥料品种可选用复合肥（15-15-15）40 千克/亩和过磷酸钙 50 毫克/千克。定植前一次浇足底墒水，灌水量每亩为 20 米^3。

③定植至开花期灌水 2 次，其中，定植 1 周后浇缓苗水，水量不宜多。10 天左右再浇第二次水。底肥充足时，定植至开花期可不施肥。

④开花—坐果期滴灌 3 次，其中滴灌施肥 1 次。以促秧棵健壮。开始采收至盛果期，主要抓好促秧、攻果。肥料品种可选用滴灌专用肥（20-10-20）15 千克/亩，或选用尿素 6.5 千克/亩、磷酸二氢钾 3.0 千克/亩和硫酸钾（工业级）4.0 千克/亩。

⑤采摘期滴灌施肥 5 次，每隔 1 周左右滴灌施肥 1 次。肥料品种可选用滴灌专用肥（16-8-22）8.7 千克/亩，或选用尿素 3.0 千克/亩、磷酸二氢钾 1.4 千克/亩和硫酸钾（工业级）3.0 千克/亩。采收成熟期可结合滴灌，单独加入钙、镁肥。

⑥参照灌溉施肥制度表提供的养分数量，可以选择其他的肥料品种组合，并换算成具体的肥料数量。不宜使用含氯化肥。

第七章 主要肥料高效施用技术

第一节 氮肥的高效施用技术

氮肥在作物生产过程上对作物产量的调控能力最强，因此使用量最大、使用最频繁。氮肥施入土壤后的转化比较复杂，涉及化学、生物化学等许多过程。不同形态氮素的相互转化造成了肥料氮在土壤中较易发生挥发、逸散、流失，不仅造成经济上的损失，而且还可能污染大气和水体。因此，氮肥的合理高效施用就愈显重要。

一、氮肥的合理分配

氮肥的合理分配主要依据土壤条件、作物氮素营养特性及氮肥本身的特性来确定。

1. 土壤条件

土壤酸、碱性是选用氮肥的重要依据。碱性土壤应选用酸性和生理酸性肥料。这样有利于通过施肥改善作物生长的土壤环境，也有利于提高土壤中多种营养元素对作物的有效性。盐碱土上应注意避免施用能大量增加土壤盐分的肥料，以免对作物生长造成不良影响。在低洼、淹水等易出现强还原性的土壤上，不应施用硫酸铵等含硫肥料，防止生成硫化氢等有害物质，在水田中也不宜施用硝态氮肥，防止氮随水流失或反硝化脱氮损失。

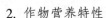
2. 作物营养特性

不同作物种类对氮肥的需要数量是大不相同的。一般来说，叶菜类尤其是绿叶菜类、桑、茶、水稻、小麦、高粱、玉米等作物需氮较多，应多分配氮肥。而大豆、花生等豆科作物，由于有根瘤，可以进行共生固氮，只需在生长初期施用少量氮肥。甘薯、马铃薯、甜菜、甘蔗等淀粉和糖类作物一般只在生长初期需要充足的氮素供应，形成适当大小的营养体，以增强光合作用，而在生长发育后期，氮素供应过多则会影响淀粉和糖分的积累，反而降低产量和品质。同种作物的不同品种之间也存在着类似的差异。耐肥品种，一般产量较高，需氮量也较大；耐瘠品种，需氮量较小，产量往往也较低。

二、氮肥施用量的确定

生产、科研实践证明：随着氮肥施用量的增加，氮肥的利用率和增产效果逐渐下降。在一些经济发达的地区，由于过量施用氮肥而造成的经济损失和环境质量破坏，已达到非常严重的地步，恢复和重建其良好生态系统将要付出极其沉重的代价。从国外在一些地区主要粮食作物上进行的肥料田间试验结果来看，在配合磷、钾等其他元素肥料的基础上，每季作物的施氮量（以 N 计）大约在 150 千克/公顷，当然，具体施氮量应视各地具体情况而定。

三、提高氮肥利用率

氮素损失直接减少了土壤中作物可利用态氮量，降低氮肥的增产作用。离开土壤中作物根系密集层的氮素以不同形态进入水体或大气，造成环境污染。因此采用各种技术措施减少氮素损失，是农业氮素管理的中心任务之一。为了减少氮素损失，应根

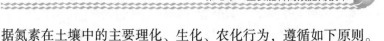

据氮素在土壤中的主要理化、生化、农化行为，遵循如下原则。

严格控制氮肥的主要损失途径。除少数渗漏性较强的砂性水田土壤外，一般在水稻生长期间化肥氮的淋洗损失并不多，田面水的径流损失也较易得到控制，减少氨挥发和硝化-反硝化损失应作为重点。针对氨挥发，可采取各种措施降低施肥后田面水的pH及铵的浓度。为了降低田面水的pH，可以采用添加杀藻剂的方法，以抑制日间田面水pH的上升。减少田面水中铵的浓度最有效的措施是深施、分次施、选用缓释肥料，也可以采用无水层混施、"以水带氮"等。除了这些措施之外，为了减少田面水氨的挥发，有人尝试在水表面进行覆膜处理。铵态氮是氨挥发和硝化-反硝化作用的共同源，因此这两种损失机制之间有一定的内在联系。在采取措施时，应考虑到能使氮素的总损失量降至最低。铵态氮肥的深施还可以减缓土壤中硝化作用速率，也为减少硝态氮的淋洗损失以及反硝化脱氮损失创造了条件。同样，在旱地上也应将氮肥分次施用，添加硝化抑制剂，采取适宜的水肥综合管理措施等来减少氮素的损失。

提高氮肥利用率的措施，除了平衡施肥、正确掌握氮肥施用量和施肥时期之外，还有两类：一是采用更适宜的田间管理技术，二是在化学氮肥中添加特殊化学物质。

田间水肥综合管理也能起到类似于深施的作用，达到提高氮肥利用率的目的。比较简单而有效的方法是利用施肥后的上水或灌溉将肥料带入土层至一定深度，使土壤表层所残留氮的浓度较低，从而减少氮素损失。

第二节　磷肥的高效施用技术

磷是植物体内重要化合物的组成成分，并广泛参与各种重要

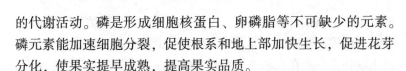

的代谢活动。磷是形成细胞核蛋白、卵磷脂等不可缺少的元素。磷元素能加速细胞分裂，促使根系和地上部加快生长，促进花芽分化，使果实提早成熟，提高果实品质。

一、作物的需磷特性

作物种类不同，对磷的吸收能力和吸收数量也不同。同一土壤上，凡对磷反应敏感的喜磷作物，如豆科作物、甘蔗、甜菜、油菜、萝卜、荞麦、玉米、番茄、甘薯、马铃薯和果树等，应优先分配磷肥。其中豆科作物、油菜、荞麦和果树，吸磷能力强，可施一些难溶性磷肥。而薯类虽对磷反应敏感，但吸收能力差，以施水溶性磷为好。某些对磷反应较差的作物如冬小麦等，由于冬季土温低，供磷能力差，分蘖阶段又需磷较多，所以也要施磷肥。有轮作制度的地区，施用磷肥时，还应考虑到轮作特点。

作物主要吸收磷酸根离子。此外，作物还能吸收有机磷，但数量很少。作物在整个生长期内都可吸收磷，但以生长早期吸收为快。当作物干物质积累到全生育期最大积累量的25%时，磷的吸收就达到其整个生育总吸收量的50%，甚至80%。因而苗期磷营养效果异常明显，甚至在土壤有效磷含量较高时仍会出现缺磷症状，生产上应强调磷肥及早施用。

磷肥的施用以种肥、基肥为主，根外追肥为辅。从作物不同生育期来看，作物磷素营养临界期一般都在早期，如水稻、小麦在三叶期，棉花在二叶、三叶期，玉米在五叶期，都是作物生长前期，如施足种肥，就可以满足这一时期对磷的需求，否则，磷素营养在磷素营养临界期供应不足，至少减产15%。在作物生长旺期，对磷的需要量很大，但此时根系发达，吸磷能力强，一般可利用基肥中的磷。因此，在条件允许时，1/3作种肥，2/3作基肥，是最适宜的磷肥分配方案。如磷肥不足，则首先做种肥，既可在苗期利用，又可在生长旺期利用。生长后期，作物主要通过体内磷的再分配和再利用来满足后期各器官的需要，因此，多数作物只要在前期能充分满足其磷素营养的需要，在后期对磷的反应就差一些。但有些作物，如棉花在结铃开花期、大豆在结荚开花期、甘薯在块根膨大期均需较多的磷，这时就要以根外追肥的方式来满足它们的需求。根外追肥的浓度：单子叶植物如水稻和小麦，以及果树的喷施浓度为 1%~3%；双子叶植物如棉花、油菜、番茄、黄瓜等则以 0.5%~1% 为宜（以过磷酸钙计算）。

　　磷肥的当季利用率低，但磷肥的残效比较强，叠加利用率很高，比氮、钾利用率都高。在一个轮作周期中，应该统筹施用磷肥，应尽可能地发挥磷肥后效的作用。如在水旱轮作中，把磷肥重点分配在旱作上，因为淹水条件下，磷的溶解度增加，利用旱作残效更好。在旱旱轮作中，将磷肥重点施在对磷敏感的作物上，比如小麦-棉花轮作，重施在棉花上。在连续旱作中，将磷肥重点施在越冬作物上，因为一是磷的有效性与温度关系密切，低温磷的有效性低；二是磷能够提高作物的抗寒能力，有利于作物越冬。在禾本科-豆科轮作中，磷肥应重点施在豆科作物上，从而增加豆科作物的固氮能力，这叫以磷增氮。

二、磷肥品种与合理施用

　　水溶性磷肥适于大多数作物和土壤，但以中性和石灰性土壤更为适宜，一般可作基肥、追肥和种肥集中施用。弱酸溶性磷肥和难溶性磷肥最好分配在酸性土壤上，作基肥施用，施在吸磷能力强的喜磷作物上效果更好。同时弱酸溶性磷肥和难溶性磷肥的粉碎细度也与其肥效密切相关，磷矿粉细度以 90% 通过 100 目筛孔，即最大粒径为 0.149 毫米为宜。磷肥的粒径在 40~100 目范围内，其枸溶性磷的含量随粒径变细而增加，超过 100 目时其枸溶率变化不大。不同土壤对磷肥的溶解能力不同及不同种类的作物利用枸溶性磷的能力不同，所以对细度要求也不同。在种植旱作物的酸性土壤上施用，不宜小于40目；在中性缺磷土壤以及种植水稻时，不应小于60目；在缺磷的石灰性土壤上，以100目左右为宜。

三、氮、磷肥配合施用

作物生长需要多种养分，而从我国的农田养分情况来看，缺磷的土壤往往也缺氮，对这类土壤，单施磷肥增产效果并不明显。而氮磷配合使用，对提高作物产量、提高磷利用率是十分必要的。一般在氮、磷供应水平都很高的土壤上，施用磷肥增产不稳定。而在氮、磷供应水平均低的土壤上，只施磷肥增产不明显，只有氮磷配合，才能够明显增产，才有利于发挥磷肥的肥效。

氮、磷配合施用，能显著地提高作物产量和磷肥的利用率。在一般不缺钾的情况下，作物对氮和磷的需求有一定的比例。如禾本科作物比较喜氮，适合的氮磷比例为（2~3）:1，苹果的氮磷比为2:1，豆科作物的氮磷配合要以磷为主，充分发挥豆科作物的固氮作物。

在肥力较低的土壤上，磷还应该注意与钾肥和有机质配合。特别是水溶性磷肥与有机肥配合施用也是提高磷肥利用率的重要途径。土壤中加入有机肥后可以显著降低土壤，特别是酸性土壤的磷固定量。其可能机制是：①有机肥分解产生有机酸，螯合、溶解或解吸土壤中的 $Fe-P$、$Al-P$ 和 $Ca-P$ 等；②有机肥料中糖类对土壤中磷吸附位的掩蔽作用；③在低 pH 条件下，有机质通过与 Al^{3+} 形成络合物，阻碍溶液中 Al^{3+} 的水解，并与磷酸根竞争羟基铝化合物表面的吸附位，从而降低酸性土壤对磷的吸附量。

强调磷肥与其他营养元素肥料的配合施用，是促进作物营养平衡，也是提高磷肥利用率的重要途径，但应注意配合施用中适宜和不宜混合施用的情况。

在酸性土壤上，注意增施石灰，防止土壤酸化，而且一般磷肥不能与石灰直接混合施用，那样会降低磷的有效性。在缺乏微量元素的土壤上，还要注意和微量元素配合。

四、掌握磷肥施用的基本技术

1. 合理确定磷肥的施用时间

一般来说，水溶性磷肥不宜提早施用，以缩短磷肥与土壤的接触时间，减少磷肥被固定的数量，而弱酸溶性和难溶性磷肥往往应适当提前施用。磷肥以在播种或移栽时一次性作基肥施入较好。多数情况下，磷肥不作追肥撒施，因为磷在土壤中移动性很小，不易到达根系密集层。不得已需要追施时，应强调早追。

2. 正确选用磷肥的施用方式

磷肥的施用，以全层撒施和集中施用为主要方式，集中施用又可分为条施和穴施等方式。全层撒施即将肥料均匀撒在土表，然后耕翻入土。这种施用方式会增强磷肥与土壤的接触反应，尤其是酸性土壤上可使水溶性磷肥有效性大大降低，但有利于提高酸性土壤上的弱酸溶性和难溶性磷肥的肥效。集中施用是指将肥料施入土壤的特殊层次或部位，以尽可能减少与土壤接触的施肥方式。这一方式尤其适合于在固磷能力强的土壤上施用水溶性或水溶率高的磷肥，从某种意义上说，施用颗粒磷肥也是一种集中施用的方式。

3. 注重磷肥的残效

要最大限度地减轻施用磷肥对环境的污染，就必须加强磷肥的合理施用，包括合理用量、合理施用方式和合理施肥时间的确定。磷肥不同于氮、钾肥，它的当季利用率较低，长期施用较易于在土壤中积累。磷在土壤中异常积累虽然不致直接因淋溶而进入水体，但是在水土保持较差的生态系统中则可能因表土冲刷流失而引起水体污染。在高磷供应水平下，作物可能出现磷的奢侈吸收，导致体内铁、钙、镁、锌等元素的生理性缺乏。其次，作物吸收过多的磷还会妨碍淀粉的合成，也不利于淀粉在体内的转运，造成作物成熟不良，瘪粒增加。

磷肥的当季利用率大体在 10%～25%，低于氮肥、钾肥的利用率。磷肥当季利用率低与作物种类有一定关系。一般来说，谷类和棉花的利用率较低，而豆科、绿肥和油菜等作物的利用率高。磷肥利用率低，更主要的是受土壤条件的影响，在部分固定磷能力特别强的土壤上，在用量不高时，磷肥甚至不能表现出增产效果。只有在用量达到相当大之后才显著增加作物产量。虽然说磷肥的当季利用率不高，但叠加利用率却不低。所谓叠加利用率是指在一次施肥之后，连续种植各季作物总吸磷量占施磷量的百分率。磷肥的后效一般可达 5～10 年，甚至更长时间。也就是说，被土壤固定的磷并不是无效，而是可以逐渐被作物吸收利用的。磷肥的叠加利用率从 26% 到近 100%。提高磷肥利用率必须从当季表现利用率上升到叠加利用率来考虑，这样也符合磷肥后效长的实际情况，此外还应积极采取各种措施，减少土壤对磷的固定作用，充分发挥磷肥后效、提高磷在土壤中的移动性、选育磷利用效率高的作用优良品种、增强作物根系的吸收能力，以提高磷肥的当季利用率和积累利用率。

第三节　钾肥的高效施用技术

钾是植物生活必需的营养元素，为植物营养三要素之一，它对作物产量和品质影响很大。也被称为"品质元素"。近年来土壤分析和田间试验结果证明，土壤缺钾地域正由南方向北方延伸，缺钾面积进一步增加。由此可见，增施钾肥已成为我国提高作物产量和品质的重要措施。由于我国钾肥资源匮乏，影响钾肥肥效的因素比较多。因此，合理有效地施用钾肥在农业生产中越来越显示其重要性。

一、作物需钾量

作物种类不同，一生中需钾量也不同。油料作物、薯类作物、棉麻作物、豆科作物以及烟草、茶、桑等叶用作物需钾量都较大，称为"喜钾作物"。果树需钾量也较多，其中，香蕉吸钾量最多。禾谷类作物或禾本科牧草需钾量都较小。在供钾能力为同一水平的土壤上，需钾量大的所谓"喜钾作物"的施钾效果一般要高于需钾量小的作物。

二、钾肥施肥技术

1. 施用时期

许多试验证明，钾肥无论水田或旱地，作基肥效果比追肥好，如作追肥也是在早期施用比中、后期追施效果好。一般情况下，钾肥宜作基肥。生育期长的作物可采用基肥、追肥搭配施用，以基肥为主，看苗早施追肥。但在固钾能力强的黏重土壤上，钾肥作基肥不宜过早地一次大量施用，而应在临近播种时施用，数量也不宜过多，以减少固定。在砂质土壤上钾肥宜作基肥、追肥分施，并加大追肥比例，分次施用，以减少淋失。研究资料表明，在果树任何一个生育时期施用磷、钾肥都会取得一定的增产效果，但以秋季与有机肥料混合作基肥施用效果最好。

2. 施用量

钾肥用量与土壤供钾水平和作物种类等有关。在一定用量范围内，作物产量随钾肥用量的增加而增加，但单位肥料用量的经济效益则逐渐下降。根据我国目前钾肥供应情况，在一般土壤上大田作物每亩施用氧化钾 4~5 千克较为经济，喜钾作物可适量增加。

果树钾肥用量因种类、树龄大小及土壤条件不同差异较大。据报道，红土地区保持柑橘产量 2 500 千克，每亩施钾量（K_2O，下同）需 25~30 千克；梨树每亩产 3 000~5 000 千克，每亩施钾量为 12~15 千克；苹果成年果园每亩施钾量一般 20 千克。

3. 施用方法

宽行作物（如玉米、棉花），不论作基肥或追肥，采用沟施、穴施比撒施效果好；而密植作物如小麦、水稻可以采取撒施。钾肥应适当深施在根系密集的土层内，既有利于作物吸收，又可减少因表土干湿交替引起钾的固定，提高钾肥利用率。

果树钾肥施用位置应放在树冠外围滴水线下的土壤。施用方法，幼年果树采用环状沟施入；成年果树采用条状沟施入；梯地台面窄，可挖放射状沟施入。沟的深度视根系分布情况而定，基肥宜深，追肥宜浅。

4. 在轮作周期中的分配

在钾肥充足时，每季施用适量钾肥较好。若钾肥数量有限，在南方三熟制地区，可将钾肥集中施于冬季作物。对于绿肥-稻-稻轮作制，可以将钾肥施于绿肥，能较大幅度提高绿肥产量，再以绿肥作水稻基肥。对于麦-稻-稻轮作制，也认为把钾肥施在冬作大麦上较为有利，一方面冬作大麦增产幅度较大，同时也能发挥钾肥的后效。各地试验认为晚稻钾肥增产效果比早稻好，在双季稻地区应重视晚稻施用钾肥。

三、钾肥的高效施用方法

1. 合理分配钾肥

根据不同地区土壤的供钾能力，作物需钾程度和钾肥肥效分配钾肥。在省、市、县、乡范围内应优先用于土壤缺钾的钾肥高效区、丰产区（丰产带、丰产方）和经济作物集中区，保证重点，以发挥钾肥的最大增产效果和经济效益。土壤速效钾测定值小于作物临界值的土壤，以及丰产田、低湿、糊烂、紧实田为优先施用钾肥的土壤。

2. 确定优先施钾作物

根据不同作物增产效果和经济利益大小，选择优先施用的作物。如优先用于对土壤速效钾丰缺反应敏感的作物：马铃薯、甘薯、甜菜、果树、烟草、棉花、麻类、油料、豆类、豆科绿肥等。稻类中，矮秆高产良种水稻、杂交稻、杂交水稻及粳稻施用钾肥应优先于高秆品种及籼稻；麦类中，大麦施钾应优于小麦。

3. 确定适宜的钾肥品种

根据作物和土壤特性，选用适宜的钾肥品种，以发挥更大的效益。一般稻麦类作物可施用氯化钾，而忌氯作物，特别是烟草要施用硫酸钾。除盐碱土外，各类土壤都适合施用草木灰。

4. 确定适宜用量

根据土壤速效钾测定值和钾肥肥效相关性，以及作物目标产量，可采用地力分区（级）分配方法、目标产量分配方法和肥效效应函数法或通过电子计算机咨询施肥，因土因作物确定钾肥适宜用量。含钾高的有机肥用量较大时，可相应地减少钾肥用量。钾肥有一定后效，前季施用过钾肥时，后季可少用。

5. 确定和其他肥料的适宜配比

钾肥不能代替氮肥和磷肥，只有在氮、磷肥充分供应的情况下，氮磷钾肥平衡协调，发挥正交互作用，才能获得较大的增产效果。

6. 确定合理的施用方法

对保肥性较强的土壤，钾肥宜作基肥，只有在作物生育前期缺钾或氮素穗肥较多的情况下，可以氮钾配施作穗肥，以调节钾氮比，协调氮素代谢，促进作物高产；对保肥性较弱的土壤，钾肥可分基肥和苗肥两次施用。作物生长遇到恶劣气候，需及时补充钾肥。

第八章　测土配方施肥技术

第一节　测土配方施肥概述

一、测土配方施肥的提出

人们常说："有粮无粮在于水，粮多粮少在于肥。"其实并非完全如此。有的农民化肥没少用，但产量却不高，或产量较高，收入却没增加多少。可见肥料并不是施得越多越好，盲目施用，既浪费肥料，又增加生产成本。测土配方施肥就是针对这些问题提出来的。

二、测土配方施肥的概念

测土配方施肥是以土壤测试和肥料田间试验为基础，根据作物需肥规律、土壤供肥性能和肥料效应，在合理施用有机肥料的基础上，提出氮、磷、钾及中、微量元素等肥料的施用时期、施用数量和施用方法等。测土配方施肥技术的核心是调节和解决作物需肥和土壤供肥之间的矛盾，同时有针对性地补充作物所需的营养元素，作物缺什么元素就补什么元素，需要多少补多少，实现各种养分平衡供应，满足作物的需要。

三、测土配方施肥的原理

测土配方施肥是以养分归还（补偿）学说、最小养分律、同等重要律、不可代替律、肥料效应报酬递减律和因子综合作用律等为理论依据，以确定每种养分的施肥总量和配比为主要内容。为了发挥肥料的最大增产效益，测土配方施肥必须与选用良种、肥水管理、种植密度、耕作制度和气候变化等影响肥效的诸因素结合，形成一套完整的施肥技术体系。

（一）养分归还学说

作物产量的形成有 40%～80% 的养分来自土壤，但不能把土壤看作一个取之不尽、用之不竭的"养分库"。为保证土壤有足够的养分供应容量和强度，保持土壤养分的输出与输入间的平衡，必须通过施肥这一措施来实现。依靠施肥，可以把作物吸收的养分"归还"土壤，确保土壤养分供应能力。

（二）最小养分律

作物生长发育需要吸收各种养分，但严重影响作物生长、限制作物产量的是土壤中那种相对含量最小的养分因素，也就是最缺的那种养分（最小养分）。如果忽视这个最小养分，即使继续增加其他养分，作物产量也难以再提高。只有增加最小养分的量，产量才能相应提高。经济合理的施肥方案，是将作物所缺的各种养分同时按作物所需比例相应提高，作物才会高产。

（三）同等重要律

对农作物来讲，不论大量元素或微量元素，都是同样重要缺一不可的，即缺少某一种微量元素，尽管它的需要量很少，仍会影响某种生理功能而导致减产，如玉米缺锌导致植株矮小而出现花白苗，水稻苗期缺锌造成僵苗，棉花缺硼"蕾而不花"。微量元素与大量元素同等重要，不能因为需要量少而忽略。

（四）不可代替律

作物需要的各营养元素，在作物内都有一定功效，相互之间不能替代。如缺磷不能用氮代替，缺钾不能用氮、磷配合代替。缺少什么营养元素，就必须施用含有该元素的肥料进行补充。

（五）肥料效应报酬递减律

从一定土地上所得的报酬，随着向该土地投入的劳动和资本量的增大而有所增加，但达到一定水平后，随着投入的单位劳动和资本量的增加，报酬的增加却在逐步减少。当施肥量超过适量时，作物产量与施肥量之间的关系就不再是曲线模式，而呈抛物线模式了，单位施肥量的增产会呈递减趋势。

（六）因子综合作用律

作物产量高低是由影响作物生长发育诸因子综合作用的结果，但其中必有一个起主导作用的限制因子，产量在一定程度上受该限制因子的制约。为了充分发挥肥料的增产作用和提高肥料的经济效益，一方面，施肥措施必须与其他农业技术措施密切配合，发挥生产体系的综合功能；另一方面，各种养分之间的配合作用，也是提高肥效不可忽视的一个问题。

四、测土配方施肥的作用

（一）提高作物产量

通过土壤养分测定，根据作物需求，正确确定施用肥料的种类和用量，可以不断改善土壤营养状况，使作物获得持续稳定的增产。测土配方施肥能增加作物产量 5%~20% 甚至更高，从而保证了粮食生产安全。

（二）降低农业生产成本，增加农民收入

肥料在农业生产资料的投入中约占 50%，然而，施入土壤的化学肥料大部分不能被作物吸收。通过提高肥料利用率，减少肥料的浪费，可以显著降低农业生产成本，从而增加农民的收入。

（三）节约资源，保证农业可持续发展

合理施肥有助于维持土壤养分平衡，减少化肥农药对农产品及环境的污染，进而节约资源，保证农业的可持续发展。

（四）改善农产品品质

测土配方施肥能根据土壤供肥能力和作物需肥特性进行，不仅能提高作物产量，还能明显改善农产品的品质。例如，它能提高农产品中矿物质含量，以及蔬菜、瓜果中维生素 C、可溶性糖的含量等。

（五）培肥土壤，改善土壤肥力

测土配方施肥能使农民明白土壤中到底缺少什么养分，根据需要配方施肥，能使土壤缺失的养分及时获得补充，维持土壤养分平衡，改善土壤理化性状。

第二节　配方肥施用原则

一、根据植物养分需求特性施用

不同农作物的营养特性不尽相同，这主要体现在以下几个方面。第一，体现在作物对养分种类和数量的不同要求上，如谷类作物和以茎叶生产为主的麻、桑、茶及蔬菜作物，需要较多的氮，烟草和薯类作物喜钾忌氯，油菜、棉花和糖用甜菜需硼较多等。第二，体现在对养分形态反应的不同上，如水稻和薯类作物，施用铵态氮较硝态氮效果好，棉花和大麻喜好硝态氮，烟草施用硝态氮利于其可燃性的提高等。第三，体现在养分吸收能力不同，如同一类型土壤中，禾本科植物吸收钾素的能力强，而豆科植物则吸收钙、镁等元素的能力较强。第四，同一作物不同品种营养特性存在差异，如冬小麦中，狭叶、硬秆及植株低的品种，较其他品种养分需求量大，耐肥力强。因而配方肥在施用过程中要充分考虑作物的这些特性，做到有针对性地施用肥料。

二、根据土壤条件施用

土壤理化性状极其复杂，决定了其养分含量、质地、结构及酸碱性的不同，因而也影响着配方肥施用后的效果。因而配方肥在施用过程中也要充分考虑这些因素。如在氮、磷元素缺乏而钾元素含量高的土壤，选用氮、磷含量高，无钾或低钾的配方肥。在养分含量低、黏粒缺乏的砂质壤土中，施用有机肥或在土壤中移动性小的专用配方肥；而黏粒含量高、有机无机胶体丰富、养分吸附能力强的黏质土壤，则宜施用移动能力强的配方肥。土壤酸碱度对养分形态和可溶性影响较大，因而也是配方肥施用过程中不得不考虑的因素，如偏碱的土壤宜选用水溶性磷肥作原料的专用配方肥；酸性土壤宜选用弱酸性磷肥或以难溶性磷作原料的配方肥。

三、根据气候条件施用

气候条件中对肥料起主要影响作用的是降水和温度。高温多雨的地区或季节，有机肥分解快，可施用一些半腐熟的有机肥，无机配方肥用量不宜过多，尽量避免施用以硝态氮为原料的配方肥，以免随水下渗，淋出耕作层，造成资源的浪费和环境污染。温度低雨量少的地区和季节，有机肥分解慢、肥效迟，可施用腐熟程度高的有机肥或速效专用肥，且施用时间宜早不宜晚。

四、根据配方肥的性质施用

配方肥种类较多，因而在施用过程中要充分考虑其养分种类与比例、养分含量与形态、养分可溶性与稳定性等因素。如铵态氮配方肥可作基肥也可作追肥，且应覆土深施，以防氨挥发损失，硝态氮配方肥一般作追肥，不作基肥，也不宜在水田中施用。含水溶性磷的配方肥，基肥和追肥都可以使用，也可作根外追肥，适宜在吸磷能力差的作物上使用，而含有难溶性磷或弱酸性的配方肥，一般只作基肥不作追肥。

五、根据生产条件和技术施用

配方肥要达到好的施用效果，不可避免地要与当地生产习惯和经验结合，与当地生产力水平相配合，在肥料配方原料的选择上，尽量考虑当地丰富、容易获得的原料，施肥措施方面尽量结合当地较成熟的方法与技术。在施用肥料的同时，做到与耕作、灌溉和病虫害防治等农艺措施的有机结合。如耕翻土地过程中结合配方肥的分层施用，可以有效补充下部壤土的养分，促进土壤平衡供肥。结合灌溉施用液态或可溶性配方肥，可促进养分溶解和向根迁移，利于吸收。配方肥施用与病虫害防治相结合，可有效降低植株病虫害的发生率，促进植株对养分的吸收，充分发挥肥效。

第三节　测土配方施肥技术

测土配方施肥技术是一种基于土壤测试和肥料田间试验的农业技术，旨在科学合理地施用肥料，提高作物产量和土壤健康。该技术的核心步骤包括下列内容。

一、采集土样

通常在秋收后进行，取样点应具有代表性，取样深度约为

20 厘米，如果作物根系较长，可以适当加深。一般以 50 亩为一个取样单位，取样后将土样分成 4 份，每份土样标记后妥善保存。

二、土壤测试

测土是制定肥料配方的重要依据之一，随着我国种植业结构不断调整，高产作物品种不断涌现，施肥结构和数量发生了很大的变化，土壤养分库也发生了明显改变。通过开展土壤氮、磷、钾、有机质等养分测试，可了解土壤供肥能力状况。

（一）碱解氮的测定方法

测定土壤中碱解氮的含量可采用扩散法。称取过 2 毫米筛孔的风干土样 2 克，加上 1 克硫酸亚铁置于扩散皿外室，再加入硼酸指示剂 2 毫升，充分反应后用稀硫酸滴定。同时做空白实验，每个样品重复实验 3 次。

（二）速效磷的测定

测定土壤中速效磷的含量可采用钼锑抗比色法。称取过 1 毫米筛孔的风干土样 2.5 克，加小半勺无磷活性炭溶于 50 毫升碳酸氢钠中，充分摇匀过滤后，吸取待测液与显色剂，摇匀后在波长为 660 纳米的分光光度计下进行比色。依据标准曲线计算土壤中磷的含量。每个样品重复实验 3 次。

（三）速效钾的测定

测定土壤中速效钾的含量可采用乙酸铵浸提——火焰光度计法。称取过 1 毫米筛孔的风干土样 5 克溶于 50 毫升乙酸铵，恒温震荡后过滤制备待测液，以空白为对照，取浸提液用火焰光度计直接进行测定。依据标准曲线计算出土壤中钾的含量。

（四）有机质的测定

土壤中有机质含量的测定可采用重铬酸钾外加热法，对称取

的土样进行消煮后转至三角瓶中，用硫酸亚铁滴定。

（五）土壤容重、电导率和 pH 的测定

土壤的容重采用环刀法进行测定，电导率和 pH 直接用酸度计和电导仪进行测定。

三、确定配方

（一）设计配方

肥料配方环节是测土配方施肥工作的核心。通过总结田间试验、土壤养分数据等，划分不同区域施肥分区；同时，根据气候、地貌、土壤、耕作制度等相似性和差异性，结合专家经验，提出不同作物的施肥配方。

配方通常包括氮、磷、钾及中微量元素的用量和时期，以确保作物在不同生长阶段都能得到充足的养分供应。同时，还要考虑肥料的利用效率和对环境的影响，选择适宜的肥料种类和施用方式。

（二）校正试验

为保证肥料配方的准确性，最大限度地减少配方肥料批量生产和大面积应用的风险，在每个施肥分区单元，设置配方施肥、农户习惯施肥、空白施肥 3 个处理，以当地主要作物及主栽品种为研究对象。对比配方施肥的增产效果，校验施肥参数，验证并完善肥料配方，改进测土配方施肥技术参数。

（三）配方加工

配方落实到农户田间是提高和普及测土配方施肥技术的最关键环节。目前不同地区有不同的模式，其中最主要的也是最具有市场前景的运作模式就是市场化运作、工厂化生产、网络化经营。这种模式适应我国农村农民科技素质低、土地经营规模小、技物分离的现状。

四、科学用肥

（一）配方肥的选择

科学施肥依据农作物的需肥特点制定出基肥、种肥和追肥的用量，合理安排基肥、种肥和追肥的比例，规定施用时间和方法，以发挥肥料的最大增产作用。具体实施时有两种选择途经。一是由肥料经销商向农民供应制好的配方肥，使农民用上优质、高效、方便的"傻瓜肥"，省去个人配肥的烦琐工作。二是针对示范区农户地块和作物种植状况，制定"测土配方施肥建议卡"，在建议卡上写明具体的各种肥料种类及数量，农民可以根据配方建议卡自行购买各种肥料并配合施用。

（二）施用底肥和追肥

配方肥料通常作为底肥一次性施用，这样可以为作物提供长效的养分供应。在施肥过程中，要注意控制施肥深度和与种子的距离，以避免烧苗或养分流失。

追肥时要根据天气、作物生长状况和土壤养分状况适时适量施用，以满足作物在不同生长阶段对养分的不同需求。同时，要注意避免过量施肥，以免造成浪费和环境污染。

五、田间监测

田间监测是测土配方施肥技术的重要补充环节，通过对作物生长状况的观察和分析，可以评估施肥效果并及时调整施肥方案。

在使用配方肥料后，要密切关注农作物的生长状况，包括株高、叶色、产量等指标的变化。同时，还要结合土壤养分状况和天气条件等因素，分析收成结果，并根据需要进行调整。

通过田间监测，可以不断完善和优化施肥配方，提高肥料利用效率和作物产量，实现农业的可持续发展。

第四节　主要农作物的测土配方施肥

一、小麦的测土配方施肥技术

（一）小麦需肥特性

在一般中等肥力水平下，每生产 100 千克小麦，约需从土壤中吸收氮 3 千克、五氧化二磷 1.25 千克，氧化钾 2.5 千克。

以亩产 400 千克小麦为目标，需氮 19~21 千克、五氧化二磷 5.5~6.0 千克、氧化钾 10~12 千克。其中有机养分分别占 35%、35% 和 70%。即在施足有机肥的基础上，每亩还应分别施用尿素 27~30 千克、过磷酸钙 30~33 千克、氯化钾 5~6 千克。

（二）小麦肥料的分配与施用

麦子施肥要克服钾肥不足、氮肥运筹前期重中后期轻的旧施肥习惯。有机肥宜作基肥和前期追肥；磷、钾肥可全作基肥，或 80% 作基肥，20% 作后期追肥；氮肥作基肥、追肥各半。具体施肥技术为如下。

1. 施足基肥，早施苗肥

基肥：实行秸秆还田或亩施优质农家肥 2~3 米³，施专用配方肥 40~50 千克，或用磷酸二铵 15 千克配施尿素 15 千克。苗肥：施氮量占总氮量的 10~20%，亩用尿素 6 千克左右。苗肥要早施，宜在两叶一心前施用。

2. 施好拔节孕穗肥

此时需肥最多，要防止脱肥早衰，防止贪青倒伏。拔节肥用量应占总用氮量的 30%~40%，一般亩施 8.5~11 千克尿素，高产田块配施 2.5 千克磷酸二铵、2.5~5 千克氯化钾。

3. 搞好后期根外喷肥（叶面施肥）

根外喷肥是补充小麦后期营养不足的一种有效施肥方法。由于麦田后期不便追肥，且根系的吸收能力随着生育期的推进日趋降低。因此，若小麦生育后期必须追施肥料时，可采用叶面喷施的方法，这也是小麦生产的一项应急措施。选择何种肥料，要"看地、看长相"，根据具体情况而确定。"看地、看长相"就是根据土壤营养状况、小麦长势、长相而确定追施肥料的种类和数量。

抽穗期到乳熟期，如叶色发黄、脱肥早衰麦田，可喷施2%~3%的尿素溶液。喷施尿素不仅可以增加千粒重，而且还具有提高籽粒蛋白质含量的作用。

没有早衰现象的高产麦田，一般不再追施氮素化肥；有可能贪青晚熟的麦田，不要追施氮素化肥。这两类麦田，可喷施0.3%~0.4%的磷酸二氢钾溶液，据试验，一般可提高千粒重 1~3 克，增产 5%以上，高的可增产 15%左右。尿素和磷酸二氢钾的喷施量为每亩 50~60 千克。喷肥的时间宜选择在无风的 16:00以后，以避免水分蒸发过快，降低肥效。

二、玉米的测土配方施肥技术

（一）玉米需肥特性

玉米对氮、磷、钾吸收数量受土壤、肥料、气候及种植方式的影响，有较大变化。一般来说，每生产 100 千克玉米籽粒需要从土壤中吸收氮素 2.5~4.0 千克，五氧化二磷 1.1~1.4 千克，氧化钾 3.2~5.5 千克，其比例为 1:0.4:1.3。

玉米一生中吸收的氮最多，钾次之，磷最少。在不同的生育阶段，玉米对氮、磷、钾的吸收是不同的。夏玉米由于生育期短，吸收氮的时间较早，吸收速度较快，苗期吸收量占总量的10%左右，拔节孕穗期吸收量占总量的76%左右，抽穗至成熟期吸收量占总量的 14%左右。

夏玉米对磷的吸收也较早，苗期吸收 10%左右，拔节孕穗期吸收 63%左右，抽穗受精期吸收 17%左右，籽粒形成期吸收 10%左右。

玉米对钾素的吸收特点是：在抽穗前有 70%以上被吸收，抽穗受精时吸收 30%。玉米干物质累积与营养水平密切相关，对氮、磷、钾三要素的吸收量都表现出苗期少、拔节期显著增加、孕穗到抽雄期达到最高峰的需肥特点。因此玉米施肥应根据这一特点，尽可能在需肥高峰期之前施肥。

（二）玉米肥料的分配与施用

由于夏玉米播种时农时紧，有许多地方无法给玉米整地和施入基肥，大都采用免耕直接播种，但夏玉米幼苗需要从土壤中吸收大量的养分，所以夏玉米追肥十分重要，追肥时还应考虑追肥量在不同时期的分配，只有选择最佳的施用时期和用量，才会获得最好的增产效果。夏播玉米一般不施有机肥，可利用冬小麦有机肥的后效。夏玉米化肥用量每亩施纯氮 12~17 千克、五氧化二磷 2~5 千克、氧化钾 6~9 千克。

1. 基肥和种肥

基肥和种肥占总量的 50%左右，基肥、种肥在播种时施入，或播种后在播种沟一侧施入。施肥深度一般在 5 厘米以下，不能离种子太近，防止种子与肥料接触发生烧苗现象。在缺锌土壤上可每亩施硫酸锌 1~2 千克。

2. 追肥

（1）苗肥。

主要是促进发根壮苗，奠定良好的生育基础。苗肥一般在幼苗 4~5 叶期施用，或结合间（定苗）、中耕除草施用，应早施、轻施或偏施。基肥不足、幼苗生长细弱的应及早追施苗肥，反之，则可不追或少追苗肥。

（2）拔节肥。

是指拔节前后 7~9 叶期的追肥，这次施肥是为了满足拔节期间植株生长快，对营养需要日益增多的要求，达到茎秆粗壮的目的。但又要注意不要营养生长过旺，基部节间过分伸长，易造成倒伏，所以要稳施拔节肥，施肥量一般占追肥量的 20%~30%，应注意弱小苗多施，以促进全田平衡生长。

（3）穗肥。

是指导雄穗发育至四分体期，正值雌穗进入小花分化期的追肥，这一时期是决定雌穗粒数的关键时期，一般展开叶 9~12 片，可见叶数 14 片左右，此时植株叶呈现大喇叭的形状，因此，此次追肥是促进雌穗小花分化，达到穗大、粒多、增产的目的，所以生产上也称攻穗肥。穗肥一般应重施，施肥量占总肥量的 60%~80%，并以速效肥为宜，但必须根据具体情况合理运筹拔节肥和穗肥的比重。一般土壤肥力较高、基肥足、苗势较好的，可以稳施拔节肥，重施穗肥；反之，可以重施拔节肥，少施穗肥。

（4）粒肥。

粒肥的作用是养根保叶，防止玉米后期脱肥早衰，以延长后期绿叶的功能期，提高粒重，一般在吐丝期追肥。粒肥应轻施、巧施，即根据当时植株的生长状况而定，施肥量占总追肥量的 5% 左右，如果穗肥不足，发生脱肥，果穗节以上黄绿，下部叶早枯的，粒肥可适当多施，反之则可少施或不施。

三、花生的测土配方施肥技术

（一）花生的需肥特性

花生是含脂类和蛋白质较多的作物，正常生长发育需氮、磷、钾、钙、镁、硫、锌、铜、铁、锰等多种矿质元素。全生育过程内,每生产1000千克花生荚果需吸收氮素58~69千克、五氮化二磷10~13千克、氧化钾20~38千克,吸收比例约为1:0.19:0.49。其他营养元素中对钙和镁的吸收量最大,比三大营养素中的磷还多,研究发现每生产1 000千克荚果,约吸收钙25.2千克、镁25.3千克。

整个生育期内对氮、磷、钾的吸收规律表现为:苗期需要的养分较少,氮、磷、钾的吸收量仅占其一生吸收总量的5%左右;开花期吸收养分的数量急剧增加,氮、磷、钾的吸收分别占一生吸收总量的17%、22.6%、22.3%;结荚期是花生营养生长和生殖生长最旺盛的时期,也是吸收养分最多的时期,有大批荚果形成,氮的吸收量约占一生吸收总量的42%,磷占46%,钾占60%;饱果成熟期植株吸收养分的能力逐渐减弱,氮、磷、钾的吸收量分别占一生总量的28%、22%、7%。

(二) 花生肥料的分配与施用

花生配方肥在施用过程中要根据花生的需肥特点,合理选择各种肥料配合施用,可有效提高花生产量,改善花生品质。花生施肥应以有机肥为主,无机肥料为辅。在施肥时应以基肥为主,适当追肥。在基肥施足的情况下,应根据花生的生长情况,用速效肥料适时适量进行追肥。底肥和种肥是壮苗、旺花及丰果的基础,花生基肥占总肥料的80%以上,施用过程中应以有机肥料为主,配合施用氮和磷等肥料,具体施法因肥料种类和数量而异。每亩花生田施有机肥料3 000千克以上,纯氮3.6~5.7千克、五氧化二磷1.9~3.2千克、氧化钾6.2~10千克(折实物量为:尿素15~25千克、氯化钾20~30千克、磷酸二铵17~27千克)。花生专用肥(含量为45% N-P-K的10-18-17)每亩25千克即可。播前整地作底肥撒施大部分,留少部分结合播种集中沟施或穴施。为提高磷肥肥效，可于施肥前将磷肥与有机肥堆沤 15~20 天。播种时，用根瘤菌剂拌种增加有效根瘤菌。此外，用 0.01%~0.1% 的硼酸水溶液或 0.2%~0.3% 的钼酸铵进行拌种或浸种，可有效补充花生所需的微量元素。根据花生生长情况应适时追肥，苗期追肥应在始花前进行，一般追施尿素 80~100 千克/公顷，过磷酸钙 150~200 千克/公顷，一般采用开沟条施。开花后可施石膏粉 300~400 千克/公顷和过磷酸钙 150~200 千克/公顷，进而增加结果期的磷钙营养。在花生结荚饱果期脱肥又不能进行追肥的情况下，可用 0.2% 磷酸二氢钾和 2% 尿素叶面喷施 1~2 次，可以起到保根、保叶的作用，提高结实率和饱果率。

四、西瓜的测土配方施肥技术

（一）西瓜的需肥特性

每生产 100 千克西瓜约需吸收氮 0.19 千克、磷 0.092 千克，钾 0.136 千克，可见其需肥量较多。一般来说，足量的氮肥是西瓜高产的基础。

充足的磷肥有利于发根，可以促进植株的生长发育，促进花芽分化，使其早开花，早坐瓜、早成熟，而钾是植物体中多种酶的催化剂，能促进光合作用、蛋白质的合成、糖分的增加、提高瓜的质量等。

生产上氮、磷（五氧化二磷）、钾（氧化钾）的施用比例一般为 1:（0.3~0.5）:（0.8~1），肥料用量的确定，既可进行田间试验摸索合理用量，也可以通过试验摸清单位产量需肥量、土壤供肥量、肥料利用率等有关施肥参数后，产前测定土壤养分含量，通过养分平衡法肥料施用量计算公式计算施肥量：对近年来进行的有关西瓜肥料试验汇总分析，提出亩产 2 500~3 000 千克的西瓜田块，其化肥施用量一般为氮 20~23 千克，五氧化二磷 6~9 千克，氧化钾 16~20 千克。

（二）西瓜肥料的分配与施用

1. 施足基肥

西瓜田块基肥一般每亩施有机肥 1 000~1 500 千克（或优质商品有机肥 40~80 千克）、钙镁磷肥 40~50 千克、尿素 5 千克、氯化钾 8~10 千克。以沟施为宜，也可施于瓜畦上，后翻入土中。

2. 巧施苗肥

西瓜幼苗期，土壤中需有足够的速效肥料，以保证幼苗正常生长的需要。一般来说，在基肥中已经施入了部分化肥的地块，只要苗期不出现缺肥症状，可不追肥。

若基肥中施入的化肥较少，或未配有化肥的地块，应适量巧追苗肥，以促进幼苗的正常生长发育。

施肥时间以幼苗长到 2~3 片真叶时为宜，或在浇催苗水之前，每亩追施 4~5 千克尿素。苗期追肥切忌过多、距根部过近，以免烧根造成僵苗。

3. 追足伸蔓肥

西瓜瓜蔓伸长以后，应在浇催蔓水之前施伸蔓肥，由于伸蔓后不久瓜蔓即爬满畦面（有些地方习惯在伸蔓时给畦面进行稻草覆盖），不宜再进行中耕施肥，因此大部分肥料要在此时施下。

一般每亩追施三元复合肥 20~25 千克、尿素 20~25 千克、硫酸钾 10~12 千克。伸蔓肥以沟施为宜，但开沟不宜太近瓜株，以免伤根，施肥后盖土。

4. 酌施坐瓜肥

西瓜开花前后，是坐瓜的关键时期，为了确保西瓜植株能够正常坐瓜，一般来说不要追肥。但在幼瓜长到鸭蛋大小时，西瓜进入吸肥高峰期。

此期若缺肥不仅影响瓜的膨大而且会造成后期脱肥，使植株早衰，既降低西瓜产量，又影响瓜的品质。所以要酌施坐瓜肥，一般可用高浓度复合肥 5~10 千克兑水淋施。

5. 后期适当喷施叶面肥

西瓜膨瓜后进入后期成熟阶段，根系的吸肥能力已明显减弱，为弥补根系吸肥不足而确保西瓜的正常成熟与品质的提高，可进行叶面喷施追肥。如可喷 0.2%~0.3% 的尿素溶液，或 0.2%尿素+磷酸二氢钾混合液。

五、设施黄瓜的测土配方施肥技术

(一) 设施黄瓜的需肥特性

黄瓜的营养生长与生殖生长并进时间长，产量高，需肥量大，喜肥但不耐肥，是典型的果蔬型瓜类作物。黄瓜初花以前，植株生长缓慢，对氮的吸收只占全生育期的 6.5%，到结瓜时达到吸收高峰；盛瓜期吸收氮、磷、钾分别占吸收总量的 50%、47%、48%左右；结瓜后期生长速度减慢，养分吸收量减少，其中以氮、钾较为明显；采收盛期至拉秧期是钙的吸收高峰期。

黄瓜栽培方式的不同，养分的吸收量与吸收过程也不相同，生育期长的早熟促成栽培黄瓜，要比生育期短的抑制栽培的吸收量高。秋季栽培的黄瓜，定植 1 个月后就可吸收全量的 50%。所以对秋延后的黄瓜来说，施足基肥尤为重要。早春黄瓜采用塑料薄膜地面覆盖后，土壤中有机质分解加速，前期土壤速效养分增加，土壤理化性状得到改善，促进了结瓜盛期以前干物质、氮、钾的累积吸收以及结果盛期磷的吸收。

按目标产量 10 000 千克，推荐如下配方方案：有机肥5 000~8 000 千克，氮41 千克（折合尿素89 千克），五氧化二磷

23千克（折合磷酸二铵50千克），氧化钾55千克（折合50%硫酸钾110千克），硼肥0.5~0.75千克，锌肥1~2千克。

（二）设施黄瓜肥料的分配与施用

1. 重施基肥，适时定值

设施黄瓜定植时必须重施基肥。这是根据设施土壤特点和黄瓜的生育要求而定的原则，全部的有机肥、20%的氮、20%的磷、30%的钾和全部的微量元素肥料用作基肥，剩余的氮、磷、钾肥用作追肥。有机肥在施用前必须充分腐熟，严禁施用未腐熟的。在腐熟过程中适当添加麦秸、稻草等有机物，提高有机质含量。倒粪时适当喷洒辛硫磷等杀虫剂，消灭粪肥中害虫。

2. 巧施追肥，促根壮秧

黄瓜在生长过程中应多次追肥，每次追肥量不宜过大，少量多次，共需追肥8~10次，即勤追轻施为宜。结瓜前期和后期每隔一次水追一次肥，结瓜盛期每浇一次水追一次肥。每次追肥为氮3.3千克（折合尿素7.2千克）、五氧化二磷1.8千克（折合磷酸二铵3.9千克）、氧化钾3.8千克（折合50%硫酸钾7.6千克）。

3. 叶面喷肥

分别在初花期和盛果期叶面喷施多元螯合微肥，喷施浓度为0.1%，以后每隔7~10天叶面喷施肥1次，可交替喷施0.1%尿素和0.2%磷酸二氢钾混合液，或0.1%尿素和0.05%硼砂或0.05%硫酸锌混合液等。

六、设施辣椒的测土配方施肥技术

（一）设施辣椒的需肥特性

辣椒为吸肥量较多的蔬菜类型，每生产1 000千克鲜辣椒约需氮5.19~5.80千克、五氧化二磷0.58~1.10千克、氧化钾

6.46~7.40千克。从全生育期来看，辣椒对钾的吸收量最多，氮次之，磷最少。

辣椒从幼苗到开花，对氮、磷、钾的吸收约占吸收总量的16%；从初花期到盛果期对养分的吸收量增多，约占吸收总量的34%；从盛果至采收期，植株的营养生长较弱，对磷、钾的需要量最多，约占吸收总量的50%。

（二）辣椒肥料的分配与施用

1. 基肥

可选用辣椒有机型专用肥、有机型复混肥料及单质肥料等。

（1）辣椒有机型专用肥。

根据测土施肥配方，以氮肥、磷肥、钾肥为基础，添加腐殖酸、有机型螯合微量元素、增效剂、调理剂等，生产辣椒有机型专用肥。根据当地施肥现状，综合各地辣椒配方肥配制资料，现有以下3种配方。

配方1：建议氮、磷、钾总养分量为40%，氮、磷、钾比例为1∶1∶1.8。基础肥料选用及用量（1吨产品）：硫酸铵100千克、尿素100千克、磷酸一铵226千克、氯化钾300千克、硝基腐殖酸90千克、过磷酸钙100千克、钙镁磷肥10千克、生物制剂25千克、增效剂12千克、调理剂37千克。

配方2：建议氮、磷、钾总养分量为30%，氮、磷、钾比例为1∶0.6∶1.1。基础肥料选用及用量（1吨产品）：硫酸铵100千克、氯化铵20千克、尿素150千克、磷酸二铵68千克、过磷酸钙250千克、钙镁磷肥20千克、氯化钾200千克、硝基腐殖酸100千克、氨基酸30千克、生物制剂25千克、增效剂12千克、调理剂25千克。

配方3：建议氮、磷、钾总养分量为25%，氮、磷、钾比例为1∶0.6∶2.17。基础肥料选用及用量（1吨产品）：氯化铵

150 千克、硫酸铵 100 千克、磷酸—铵 40 千克、过磷酸钙 260 千克、钙镁磷肥 20 千克、氯化钾 220 千克、硝基腐殖酸 100 千克、氨基酸 40 千克、生物制剂 30 千克、增效剂 12 千克、调理剂 28 千克。

（2）甜椒有机型专用肥。

综合各地甜椒配方肥配制资料，建议氮、磷、钾总养分量为 30%，氮、磷、钾比例为 1∶0.33∶1.17。基础肥料选用及用量（1 吨产品）：硫酸铵 100 千克、尿素 206 千克、磷酸二铵 10 千克、过磷酸钙 200 千克、钙镁磷肥 20 千克、硫酸钾 100 千克、氯化钾 150 千克、氨基酸螯合锌锰铜铁 20 千克、硼砂 15 千克、硝基腐殖酸 100 千克、氨基酸 22 千克、生物制剂 20 千克、增效剂 12 千克、调理剂 25 千克。

（3）有机型复混肥料及单质肥料。

也可选用腐殖酸含促生菌生物复混肥（20-0-10）、腐殖酸高效缓释肥（18-8-4）、硫基长效缓释复混肥（23-12-10）、腐殖酸型过磷酸钙、生物有机肥等。

2. 根际追肥

可选择辣椒专用冲施肥、有机型复混肥料、缓效型化肥、水溶滴灌肥等。

（1）辣椒专用冲施肥。

基础肥料选用及用量（1 吨产品）：硫酸铵 200 千克、尿素 257 千克、氯化钾 200 千克、过磷酸钙 150 千克、碳酸氢铵 15 千克、黄腐酸钾 90 千克、氨基酸锌硼锰铁铜 25 千克、生物制剂 30 千克、增效剂 13 千克、调理剂 20 千克。

（2）有机型复混肥料。

主要有腐殖酸含促生菌生物复混肥（20-0-10）、腐殖酸高效缓释肥（18-8-4）、硫基长效缓释复混肥（23-12-10）等。

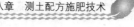

（3）缓效型化肥。

主要有腐殖酸包裹尿素、增效尿素、腐殖酸型过磷酸钙、缓释磷酸二铵等。

（4）水溶滴灌肥。

主要有果菜类蔬菜水溶滴灌肥（22-0-28）、辣椒滴灌专用水溶肥（20-10-20、16-8-22）等。

3. 根外追肥

可根据辣椒生育情况，酌情选用含腐殖酸水溶肥、含氨基酸水溶肥、含海藻酸水溶肥、氨基酸螯合微量元素水溶肥、大量元素水溶肥、活力钙叶面肥、活力硼叶面肥等。

七、设施番茄的测土配方施肥技术

（一）设施番茄的需肥特性

在设施栽培条件下，番茄对氮、磷、钾的需要量要大于露地栽培条件。据研究，在设施栽培条件下，每生产1 000千克番茄，吸收纯氮3.8~4.8千克、五氧化二磷1.2~1.5千克、氧化钾4.5~5.5千克。

冬春茬设施番茄一般在每年的2月中上旬移栽定植，至第一穗果膨大（3月下旬），番茄的氮素吸收占整个生育期的5%，而从第一穗果膨大到第四穗果膨大的1个月时间内（4月）番茄的氮素吸收占整个生育期的71%；而与冬春茬相反，秋冬茬是一个温度逐渐降低的过程，从8月移栽到9月下旬第三穗果开始膨大，短短的60多天时间内氮的吸收占整个生育期的78%。相对氮而言，番茄对磷的积累量和吸收量都比较低，并且番茄对磷的吸收以生长前期为主。而番茄对钾的吸收量最大，累计吸收量接近氮素的2倍，其中果实膨大期是番茄钾素吸收的主要时期。

（二）番茄肥料的分配与施用

1. 基肥

可选用番茄有机型专用肥、有机型复混肥料及单质肥料等。

（1）番茄有机型专用肥。

根据测土施肥配方，以氮肥、磷肥、钾肥为基础，添加腐殖酸、有机型螯合微量元素、增效剂、调理剂等，生产番茄有机型专用肥。根据当地施肥现状，选取下列 3 个配方中的一个作为基肥施用。

配方 1：建议氮、磷、钾总养分量为 42%，氮、磷、钾比例为 1：0.73：2。基础肥料选用及用量（1 吨产品）：硫酸铵 100 千克、尿素 120 千克、磷酸二铵 178 千克、氯化钾 368 千克、硫酸锌 20 千克、硫酸铜 20 千克、氨基酸硼 10 千克、硝基腐殖酸铵 100 千克、生物制剂 22 千克、增效剂 12 千克、调理剂 50 千克。

配方 2：建议氮、磷、钾总养分量为 35%，氮、磷、钾比例为 1：0.57：0.93。基础肥料选用及用量（1 吨产品）：硫酸铵 150 千克、尿素 160 千克、磷酸二铵 178 千克、氯化钾 217 千克、硫酸锌 20 千克、硫酸铜 20 千克、氨基酸硼 8 千克、氨基酸 68 千克、硝基腐殖酸 100 千克、生物制剂 25 千克、增效剂 10 千克、调理剂 44 千克。

配方 3：建议氮、磷、钾总养分量为 30%，氮、磷、钾比例为 1：0.75：2。基础肥料选用及用量（1 吨产品）：氯化铵 30 千克、硫酸铵 100 千克、尿素 120 千克、过磷酸钙 372 千克、钙镁磷肥 23 千克、氯化钾 268 千克、氨基酸锌 5 千克、氨基酸铜 5 千克、氨基酸硼 8 千克、生物制剂 20 千克、增效剂 10 千克、调理剂 39 千克。

（2）樱桃番茄专用肥。

根据当地施肥现状，建议氮、磷、钾总养分量为 30%，氮、磷、钾比例为 1：0.33：1.17。基础肥料选用及用量（1 吨产品）：硫酸铵 100 千克、尿素 206 千克、过磷酸钙 200 千克、钙镁磷肥 20 千克、硫酸钾 100 千克、氯化钾 150 千克、氨基酸锌锰铜铁 20 千克、硼砂 15 千克、硝基腐殖酸 100 千克、氨基酸 22 千克、生物制剂 20 千克、增效剂 12 千克、调理剂 25 千克。

（3）有机型复混肥料及单质肥料。

也可选用腐殖酸含促生菌生物复混肥（20-0-10）、硫酸钾型腐殖酸高效缓释肥（15-5-20）、硫基长效缓释复混肥（24-15-5）、腐殖酸型过磷酸钙、生物有机肥等。

2. 根际追肥

可选用番茄专用冲施肥、有机型复混肥料、灌溉水溶肥料、缓效型化肥等。

（1）番茄专用冲施肥。

基础肥料选用及用量（1 吨产品）：硫酸铵 200 千克、尿素 100 千克、磷酸二铵 60 千克、氨化过磷酸钙 100 千克、氯化钾 150 千克、黄腐酸钾 60 千克、氨基酸锌硼锰铁铜 30 千克、硫酸镁 120 千克、氨基酸 60 千克、生物制剂 40 千克、增效剂 10 千克、调理剂 70 千克。

（2）有机型复混肥料。

主要有硫酸钾型腐殖酸高效缓释肥（15-5-20）、硫基长效缓释复混肥（24-15-5）、腐殖酸含促生菌生物复混肥（20-0-10）等。

（3）灌溉水溶肥料。

主要有大量元素水溶肥（22-0-28）、硫基长效水溶性滴灌肥（17-15-18+B+Zn）、设施番茄水溶灌溉肥（16-20-14+TE、22-4-24+TE、20-5-25+TE）等。

（4）缓效型化肥。

主要有腐殖酸包裹尿素、增效尿素、腐殖酸型过磷酸钙、缓释磷酸二铵等。

3. 根外追肥

可根据番茄生育情况，酌情选用含腐殖酸水溶肥、含氨基酸水溶肥、含海藻酸水溶肥、氨基酸螯合微量元素水溶肥、大量元素水溶肥、活力钙叶面肥、活力硼叶面肥等。

第九章　化肥减量增效技术

第一节　化肥深施机械化技术

化肥深施机械化技术是指使用化肥深施机具，按农艺要求的品种、数量、施肥部位和深度适时将化肥均匀地施于地表以下作物根系密集部位，既能保证被作物充分吸收，又显著减少肥料有效成分的挥发和流失，具有提高肥效和节肥增产双重效果的实用技术。

一、技术要求

（一）底肥深施技术

1. 先撒肥后耕翻

尽可能缩短化肥暴露在地表的时间，尤其对碳酸氢铵等易挥发的化肥，要做到随撒肥随耕翻深埋入土。此种施肥方法可在犁具前加装撒肥装置，也可使用专用撒肥机，肥带宽基本同后边犁具耕幅相当即可。作业要求：化肥撒施均匀，翻埋及时。

2. 边耕翻边施肥

通常将肥箱固定在犁架上，排肥导管安装在犁铧后面，随着犁铧翻垡将化肥施于犁沟，翻垡覆盖，基本上可以做到耕翻施肥作业同步。作业要求：施肥深度 15 厘米左右，肥带宽度 3~5 厘米，排肥均匀连续，断条率<3%，覆盖严密。

（二）种肥深施技术

种肥通过在播种机上安装肥箱和排肥装置来完成。种肥深施分侧位深施和正位深施两种。

1. 深施种肥

肥料施于种子正下方或侧下方，以不烧苗为原则，氮肥与种子的隔离土层应在 6 厘米以上，其他肥为 3~5 厘米。

2. 作业要求

各行排量一致性变异系数≤13%，总排肥量稳定性变异系数≤7.8，且镇压密实。

二、化肥深施对作业机具的要求

（一）机具性能要求

深施化肥机具应符合农艺要求，施肥深度（≥6 厘米），具有可调节施肥量的装置，排肥装置有高度可靠性，作业时不应有断条现象，肥带宽度变异≤1 厘米，单季作业换件或故障修理不超过 1 次/台（件、组）。

（二）深施化肥作业要求

（1）排肥断条率<3%。

（2）肥条均匀度：碳酸氢铵为 20%~30%，尿素等颗粒肥为 20%~25%。其中底肥深施均匀性变异系数≤60%；播种深施排肥均匀性变异系数≤40%；中耕深追施肥均匀性变异系数≤40%。

（3）各行排量一致性变异系数均应≤13%。

（4）化肥的土壤覆盖率要达到 100%，种肥、追肥作业要保证镇压密实。

（5）施肥位置准确率≥70%。

（6）中耕深追施肥作业伤苗率<3%。

（7）各种机具的使用可靠性系数均应≥90%。

三、机械深施化肥的注意事项

（1）操作机手在进行作业前要经过专门的技术培训，以便熟知化肥深施技术的作业要点和掌握机具操作使用技术，能按要求调整机具和排除机具作业中出现的故障。

（2）深施作业前要检查机具技术状况，重点检查施肥机械或装置各联接部件是否紧固，润滑状况是否良好，转动部分是否灵活。

（3）调整施肥量、深度和宽度，使机具满足农艺要求。调整时肥箱里的化肥量应占容积的 1/4 以上，并将施肥机具或装置架起处于水平状态，然后按实际作业时的转速转动地轮，其回转圈数以相当于行进长度 50 米折算而定，同时在各排肥口接取肥料并称重，确定好施肥量后机具进地进行实际作业试验，当机具入土行程稳定后，视情况选取宽度和观察点个数，在截面中肥带部位测量带宽及化肥距地表和种子（植株）的最短距离，如多点测试均满足要求，即可投入正常施肥作业。

（4）作业中要做到合理施用化肥，应遵循以下基本原则。

①选择适宜的化肥品种。要根据土壤条件和作物的需肥特性选择化肥品种，确定合理的施肥工艺（如基肥和追肥比例、追肥的次数和每次的追肥量），以充分发挥化肥肥效（如硝态氮肥应避免在水田上施用，防止由于硝化、反硝化造成氮素的损失）。

②化肥与有机肥配合施用。化肥和有机肥配合施用，利用互补作用满足各个时期作物对养分的需要。通过施用有机肥避免单施化肥对土壤理化性状的不良影响，提高土壤的保肥、供肥能力。化肥和有机肥配合施用的方法有两种：一种是以有机肥作基肥，化肥作追肥或种肥施用；另一种方法是有机肥与化肥直接混

合施用。需要注意的是化肥和有机肥不是可以任意混合的，有些混合后能提高肥效，有些则相反，会降低肥效，如硝态氮肥（如硝酸铵）与未腐熟的堆肥、厩肥或新鲜秸秆混合堆沤，在无氧条件下，由于反硝化作用，易引起硝态氮素变成氮气跑掉，损失养分。

③按施肥量和各种营养元素的适宜比例搞好施肥作业。施肥不仅是要获得较高的产量，还要有较高的经济效益，为此要根据土壤条件、作物种类、化肥品种和施肥方法等具体条件确定施肥用量和各种营养元素的适宜比例。作物的高产、稳产，需要氮、磷、钾等多种养分协调供应，施用单一化肥，往往不能满足作物生产发育的需要。根据我国目前土壤氮、磷、钾的分布情况，北方要重视氮磷肥的混合施用，南方要做到氮磷钾肥的混合施用。此外，还要根据农艺要求和化肥特性，确定化肥的施用季节、施肥部位（如侧位深施、正位深施）、施肥方法（如集中施、根外追施）等，为提高化肥利用率创造条件。

四、化肥深施机具

（一）底肥深施机具

1. 犁底施肥机

犁底施肥机是在现有各种犁耕、旋耕机具上，加装肥箱、排肥器、传动机构和输肥管，在犁耕或旋耕作业的同时，将化肥施入犁沟底部或耕层中去的一种组合式联合作业机具。不进行施肥作业时，卸下施肥装置，不影响原机具的使用。

2. 垄体施肥机

垄体施肥机是一种联合作业机型，可在玉米等垄作作物的播种起垄作业时，将尿素等颗粒状化肥分两层施入垄体，两层化肥之间相隔5~8厘米土层，化肥在作物生长不同时期发挥作用，上层肥料主要起种肥作用，下层肥料主要起底肥作用，所以这种施肥机是兼有种肥施肥机和底肥施肥机作用的一种机型。

（二）种肥深施机具

种肥深施机具通常为施肥播种机，在一个机架和传动机构上，并列着两套机构，一套播种，一套施肥，可在播种的同时施肥，是化肥深施机具中运用最广、型号最多的联合作业机型。有的机型采用精量、半精量排种器，节种增效作用明显，有的机型还装有铺膜等机构，联合作业项目更多。施肥位置不同，按施肥播种机可分为正位施肥和侧位施肥两类机型。

1. 正位施肥播种机

这类机型的开沟器一般分两排排列，前排开沟器施肥，后排开沟器播种，两排开沟器处于前进方向的同一纵向平面内，施肥开沟器工作深度较深，使肥料处于种子正下方，种肥之间有3.5~5厘米土层相隔，所以有的机型也称作种肥分层播种机。

2. 侧位施肥播种机

侧位施肥播种机的结构与正位施肥播种机基本相同，只不过它的施肥开沟器与播种开沟器不在同一条线上，而处于播种开沟器的两侧，把化肥施在种子旁侧，多用于玉米、大豆、高粱和棉花等宽行距的中耕作物播种施肥作业。

（三）追肥深施机具

追肥机具是在作物生长中期和后期施肥的机具，排施的肥料以尿素等速效肥为主，有的机型也可排施碳酸氢铵。

1. 中耕施肥机

中耕施肥机是利用中耕播种施肥机或中耕机悬挂机架配套单体施肥（播种）机，用拖拉机牵引或装用小动力机自走，进行行间或株侧深施肥。

2. 手动追肥机具

由于追肥期是作物生长的中、后期，植株高大，限制了机械追肥作业，近年来，各地针对这一矛盾，相继研制出一批手动追肥机具，可分别排施固态化肥和液态化肥。

第二节　叶面喷施技术

一、叶面肥的内涵

将不同形态与种类的养分喷施于作物叶片上，作物对经叶面吸收的养分利用效果与根部吸收的是一样的。通常，将通过作物根系以外的营养体表面（叶与部分茎表面）施用肥料的措施叫做根外施肥，一般是指将作物所需养分以溶液喷雾方式直接喷施于作物叶片表面，作物通过叶面以渗透扩散方式吸收养分并输送到作物体内各部分，以满足作物体生长发育所需，故又称叶面施肥。以叶面吸收为目的，将作物所需养分以液态喷雾形式直接施用于作物叶面的各种肥料，称为叶面肥。

二、叶面肥的类型

根据叶面肥的作用和所含主要成分可将叶面肥分为六大类。

（一）营养型叶面肥

此类叶面肥中氮、磷、钾及微量元素等养分含量较高，主要功能是为植物提供提供各种营养元素，改善作物营养状况，尤其是适宜于植物生长后期各种营养的补充。

这类叶面肥简单的只加入 1~2 种化肥。氮元素以尿素为佳；磷钾肥料用磷酸二氢钾为多，一般不用普通过磷酸钙，钾素还可以选择硝酸钾、氯化钾、硫酸钾。叶面肥中微量元素多选用硫酸锌、硫酸锰、硼砂、硼酸、钼酸铵、硫酸铜、硫酸亚铁、柠檬酸铁等。

复杂的营养型叶面肥是多种元素混合配制而成，市场上销售的叶面肥多为此类。可以是几种微量元素相加，国家标准要求各种微量元素单质含量之和≥10%，也有的是几种大量、微量元素相加，国家标准要求大量元素含量之和≥50%，微量元素单质含量之和≥2%；也可以是大量、中量、微量元素相加。目前生产实践中应用较多的则是以微量元素为主。

（二）调节型叶面肥

此类叶面肥中含有调节植物生长的物质，如生长素、激素类等成分，主要功能是调控植物的生长发育等。适于植物生长前期、中期使用。

植物在生长过程中，不但能合成许多营养物质与结构物质，同时也产生一些具有生理活性的物质，称为内源植物激素。这些激素在植物体内含量虽很少，却能调节与控制植物的正常生长与发育。细胞生长分化、细胞的分裂、器官的建成、休眠与萌芽、植物的趋向性和感应性，以及成熟、脱落、衰老等，无不直接或间接受到激素的调控。在工厂人工合成的一些与天然植物激素有类似分子结构和生理效应的有机物质，叫作植物生长调节剂。

植物生长调节剂和植物激素一般合称为植物生长调节物质。目前生产上常用的植物生长调节物质有：①生长素类，如萘乙酸、吲哚乙酸、对氯苯氧乙酸钠、2,4-滴、复硝酚钾等；②赤霉素类，赤霉素化合物种类较多，但在生产上应用的赤霉素主要是赤霉酸（GA3）及 GA4、GA7 等；③细胞分裂素类，如 5406；④乙烯类，如乙烯利；⑤植物生长抑制剂或延缓剂有矮壮素、丁酰肼、甲哌鎓、多效唑等。除此以外，还有芸苔素内酯、羟烯腺嘌呤、S-诱抗素、三十烷醇等。

（三）复合型叶面肥

这一类叶面肥所加的成分较复杂，凡是植物生长发育所需的营养均可加入，或者是微量元素中添加含氨基酸、核苷酸、核酸类的物质，是目前叶面肥品种最多的一类，复合混合形式多样。此类叶面肥是人工制造型，最大特点是加入一定量的螯合剂、表面活性剂或载体。此类叶面肥种类繁多，其功能有多种，表现为既可提供营养，又可刺激生长调控发育。生产上常用的有氨基酸复合微肥、植物营养液等。

（四）肥药型叶面肥

此类叶面肥中，除了有营养元素成分外，还加入一定数量和不同种类的农药或除草剂，喷洒后不仅促进作物生长发育，而且还有防病、治虫、除草效果。目前该类品种不多，主要有喷拌灵、肥药灵等。

（五）益菌型叶面肥

益菌型叶面肥是利用与作物共生或互生的有益菌类，通过人工筛选培养制成菌肥，用于生产，提高作物产量，改进品质，提高作物抗逆性的肥料。

（六）其他类型叶面肥

利用各种作物的幼体或秸秆残体，通过切碎（粉碎）、加热、浸提、酸解或其他生化过程，然后做成的肥料，此类称为天然汁液型叶面肥，如 EF 植物生长促进剂（中国林科院林产化学研究所与广东省雷州林业局研制，由桉树提制出来）、702 肥壮素等。另外还有稀土型叶面肥。在部分叶面肥产品中，也加入稀土元素，但是在施用此类叶面肥时，应注意稀土元素毕竟不是植物必需的营养元素，代替不了营养元素的作用，同时要注意稀土肥料中的放射性。

三、叶面肥的施用技术要点

（一）选择适宜的肥料品种

叶面肥选择要有针对性。根据作物的生育时期选择适宜的叶面肥品种，在作物生长初期，为促进其生长发育应选择调节型叶面肥；若作物营养缺乏或生长后期根系吸收能力衰退，应选用营养型叶面肥。根据作物的施肥基本状况选择适宜的叶面肥品种，在基肥施用不足的情况下，可以选用以大量元素氮、磷、钾为主的叶面肥；在基肥施用充足时，可以选用微量元素型叶面肥。根据作物的生长发育及营养状况选择适宜的叶面肥品种，例如，棉花落蕾落铃与硼营养不足有关，所以在现蕾期可叶面喷施硼肥2~3次，保蕾保铃效果较好；番茄茎腐病与缺钾有关，可在坐果后15天喷施磷酸二氢钾2~3次；芹菜的裂茎病也是缺硼引起的，可施用硼砂或硼酸等。

（二）选择适当的喷施浓度

叶面施肥浓度直接关系到喷施的效果。在一定浓度范围内，养分进入叶片的速度和数量，随溶液浓度的增加而增加，如果肥料溶液浓度过高，则喷洒后易灼伤作物叶片，造成肥害，尤其是微量元素肥料，作物营养从缺乏到过量之间的临界范围很窄，更应严格控制；若肥料的浓度过低，既增加了工作量，又达不到补充作物营养的要求。另外，某些肥料对不同作物具有不同的浓度要求，如尿素，在水稻、小麦等禾本科作物上适宜浓度为1.5%~2.0%，在萝卜、白菜、甘蓝上为1.0%~1.5%，在马铃薯、西瓜、茄子上为0.5%~0.8%，在苹果、梨、番茄、温室黄瓜上浓度为0.2%~0.3%。叶面喷施时，雾点要匀、细，喷施量要以肥液将要从叶面上流下但又未流下时最好。

当前叶面肥的剂型主要有固体和液体两种。固体粉状的叶面肥一般溶解较慢，施用时需先加水充分搅拌，待完全溶解了才可喷施，否则若溶解不完全，一是易堵塞喷雾器的喷头，二是养分喷洒不均匀，影响喷施效果。液体肥料在稀释时应严格按照产品说明书的要求进行浓度配制和操作。另外，在应用叶面肥时，最好是先进行小面积试验以确定有效的施用浓度。

（三）注意叶面肥肥液酸碱性的调节

营养元素在不同的酸碱度上有不同的存在状态。要发挥肥料的最大效益，必须有一个合适的酸度范围，一般要求 pH 为 5～8。pH 过高或过低，除使营养元素的吸收受到影响外，还会对植株产生危害。叶面肥肥液酸碱性调节的主要原则是：如果叶面肥主要以供给阳离子为目的时，溶液应调至微碱性；若主要以供给阴离子为目的时，溶液应调制弱酸性。

（四）选择适当的喷施时间

叶面喷施时叶片吸收养分的数量与溶液湿润叶片时间的长短有关，湿润时间越长，叶片吸收的养分越多，效果越好。一般情况下保持叶片湿润时间在 30～60 分钟为宜。因此，在中午烈日下和刮风天气时不宜喷施叶面肥，以免肥液在短时间内蒸发变干，导致有效成分损失。在有露水的早晨喷肥，会降低溶液的浓度，影响施肥的效果。雨天或雨前也不能进行叶面追肥，因为养分已被淋失，起不到应有的作用。一般来讲，叶面肥的喷施以无风阴天和晴天 9：00 以前或 16：00 后进行为宜。若喷后 3 小时遇雨，待晴天时补喷一次，但浓度要适当降低。

（五）选择适宜的喷施时期和喷施部位

叶面肥的喷施时期要根据各种作物不同生长发育阶段对营养元素的需求情况而定，一般禾谷类作物苗期到灌浆期都可以喷施；瓜、果类作物在初花到第一生理幼果形成，再到幼果膨大时，也都可以喷施叶面肥。另外，常量元素多在作物生长的中期或中后期，每亩每次溶液用量 75～100 千克；微量元素在苗期或花后期喷施，每亩每次溶液用量 50～75 千克。前者喷施 1～2 次，后者 2～3 次，每次喷施间隔 7～10 天为宜。农户在施用叶面肥时最好根据各产品说明书介绍进行喷施。

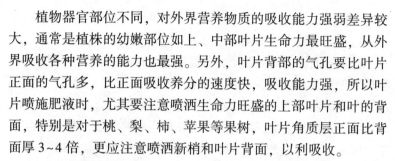

植物器官部位不同，对外界营养物质的吸收能力强弱差异较大，通常是植株的幼嫩部位如上、中部叶片生命力最旺盛，从外界吸收各种营养的能力也最强。另外，叶片背部的气孔要比叶片正面的气孔多，比正面吸收养分的速度快，吸收能力强，所以叶片喷施肥液时，尤其要注意喷洒生命力旺盛的上部叶片和叶的背面，特别是对于桃、梨、柿、苹果等果树，叶片角质层正面比背面厚3~4倍，更应注意喷洒新梢和叶片背面，以利吸收。

（六）喷施次数应适宜

作物叶面追肥的浓度一般都较低，每次的吸收量是很少的，与作物的需求量相比要低得多。因此，叶面施肥的次数一般不应少于2~3次。至于在作物体内移动性小或不移动的养分（如铁、硼、钙、磷等），更应注意适当增加喷洒次数。在喷施含调节剂的叶面肥时，应注意喷洒要有间隔，间隔期至少7天，喷洒次数不宜过多，防止出现调控不当，造成危害。

（七）注意在肥液中添加湿润剂

作物叶片上都有一层薄厚不一的角质层，溶液渗透比较困难，为此，可在液肥溶液中加入适量的湿润剂，如中性肥皂、质量较好的洗涤剂等，以降低溶液的表面张力，增加与叶片的接触面积，提高叶面追肥的效果。

（八）混用喷施要得当

叶面施肥时，将两种或两种以上的叶面肥合理混用，可节省喷施时间和用工，其增产效果也会更加显著。但肥料混合后必须无不良反应或不降低肥效否则达不到混用目的。另外，肥料混合时要注意溶液的浓度和酸碱度，一般情况下溶液 pH 为 7 左右即中性条件，利于叶部吸收营养。

根据作物的需肥规律和害虫发生情况，将农药和肥料科学混配喷施，不但能有效杀灭或抑制害虫，还能起到追肥作用，促进作物生长发育，提高产量，而且还可减少用工、降低喷施成本，在一定程度上也有利于保护环境。

虽然叶面肥之间以及肥、药混喷能起到一喷多效的作用，但混喷要注意肥–肥或肥–药混施不能降低效果或产生肥害、药害。由于大多数农药是复杂的有机化合物，与肥料混合必然带来一系列化学、物理或生物反应，所以并非所有肥料和农药都能混合施用。因尿素为中性肥料，可以和多种农药混施，但酸碱不同的药、肥是不可混用的，如各种微肥不能与草木灰、石灰等碱性肥混合；锌肥不能与过磷酸钙混喷等。因此，进行混喷前应先了解肥、药的性质，若性质相反，绝不可混喷。

一般混喷须遵循三个原则：①不能因混合降低药效或肥效；②对作物无损害；③农药要适宜叶面喷施。如碱性肥料（如草木灰）不能与敌百虫、速灭威、硫菌灵、多菌灵，以及菊酯类杀虫剂等农药混用，否则会降低药效；碱性农药（如石硫合剂、波尔多液等）不能与硫酸铵、硝酸铵等铵态氮肥混用，否则会使氨挥发损失，降低肥效；含砷的农药（如砷酸钙、砷酸铝等）不能与钾盐、钠盐类化肥混用，否则会产生可溶性砷而发生药害；化学肥料不能与微生物农药混用，化学肥料挥发性、腐蚀性都很强，若与微生物农药混用，易杀死微生物，降低防治效果。

一般，肥料与农药混用前应先将肥、药各取少量溶液放入同一容器中，若有混浊、沉淀、冒气泡等现象产生，则不能混用。配制混喷溶液时，一定要搅拌均匀，现配现用，通常是先将一种肥料配成水溶液，再把其他肥料或农药按用量直接加入配好的肥料溶液中，摇匀后再喷。

（九）与土壤施肥相结合

根部比叶部有更大更完善的吸收系统，对需要量大的营养元素如氮、磷、钾等，据测定要进行10次以上叶面施肥才能达到根部吸收养分的总量。因此，叶面施肥不能完全替代根部施肥，必须与根部土壤施肥相结合。

综上所述，叶片对养分的吸收效果与目标作物种类、土壤条件以及养分种类、比例、浓度等因素有很大关系。因此，在研制和应用叶面肥料时，应充分考虑各种因素的影响，根据目标作物种类、土壤条件以及作物营养状况，筛选合理的养分种类和比例，及时供应作物正常生长所需的各种养分，对作物生长实现全程营养调控，并选用合适的助剂（如表面活性剂、络合剂等），以最大限度地提高叶面养分吸收效率，同时结合植物活性物质、调节剂的应用，提高叶面施肥效果，促进作物生长，提高产量，改善品质。

第三节　化肥多元替代技术

一、接种大豆根瘤菌剂

接种大豆根瘤菌剂是大豆种植中一项重要的农业技术，旨在提高大豆的产量和品质。这项技术主要包括拌种、喷施和包衣等方式。

（一）拌种方式

1. 准备工具和材料

根据大豆的播种量，准备适量的根瘤菌剂。同时，确保有干净的盆、桶、袋子等容器或拌种机械用于拌种。

2. 拌种时间

拌种作业应在播种前 12 小时内进行，以确保根瘤菌剂能够充分附着在种子表面，并有一定的时间进行阴干。

3. 拌种操作

将根瘤菌剂与大豆种子放入容器中，轻轻搅拌，确保每一粒种子的表面都均匀附着根瘤菌剂。搅拌过程中应避免过度用力，以免损伤种子。

4. 种子阴干

拌种完成后，将种子放在阴凉通风处阴干。阴干过程中要注意避免阳光直射和高温，以免影响根瘤菌的活性。

5. 播种

种子阴干后即可进行播种。播种时要确保种子与土壤充分接触，以便根瘤菌能够顺利侵入根系并发挥作用。

(二) 喷施方式

1. 菌液配制

根据种植面积确定根瘤菌剂和水的用量。菌液应现用现配，避免长时间存放导致菌剂活性降低。

2. 搅拌均匀

将根瘤菌剂加入水中，用搅拌器或木棍等工具搅拌均匀，直至形成均匀的菌液。

3. 喷施操作

使用喷施设备（如喷雾器）在大豆播种时将菌液喷洒在大豆种子表面及周围土壤。喷施时要注意均匀覆盖，避免漏喷或重喷。

4. 注意事项

喷施后应尽快进行播种，以免菌液干燥失效。同时，要注意喷施设备的清洁和保养，避免病菌或杂质污染菌液。

(三) 包衣方式

1. 购买包衣种子

购买时选择信誉良好的商家，确保包衣种子的质量和效果。

2. 储存条件

包衣种子应储存在阴凉处，摊平晾干。保持干燥通风的环境，避免阳光暴晒和高温。储存温度不宜超过 4℃，以免影响根瘤菌的活性。

3. 播种时间

包衣种子的播种时间应根据当地气候和种植习惯确定。一般来说，在大豆适宜播种期内进行播种即可。

二、种植绿肥

种植绿肥是一种有效的农业管理措施，它不仅能够增加土壤肥力，还可以改善土壤结构，提高作物产量。绿肥翻压还田并配合施用配方肥，能显著减少氮肥的用量，通常可以减少 10%~30% 的氮肥需求，有助于降低农业生产成本并减少环境污染。

在南方水田地区，种植绿肥的选择较为丰富。紫云英、箭筈豌豆、苜蓿等豆科绿肥是常见的选择，它们具有生长迅速、根系发达、养分丰富的特点。此外，肥田萝卜、肥用油菜等非豆科绿肥也是很好的选择。这些绿肥作物在生长过程中能够吸收并固定大量的养分，翻压还田后，能够作为基肥为作物提供长效的养分供应。

在旱地地区，绿肥的种植方式更为灵活。轮作、套作、间作、混作等方式都可以根据具体情况选择。一般来说，在下茬作物播种或移栽前 15~20 天翻压绿肥是较为合适的时机，这样可以确保绿肥充分腐解并释放养分。翻压深度通常为 12~18 厘米，这样可以确保绿肥与土壤充分混合，有利于养分的释放和吸收。

果茶园中，绿肥的应用模式可以根据果园的具体情况进行选择。自然覆盖、刈割覆盖或翻压还田都是可行的模式。翻压深度一般为 15~20 厘米，这样可以确保绿肥在土壤中的分布均匀，有利于果园土壤肥力的提升。对于高秆型绿肥，如苏丹草、黑麦草等，宜采取刈割覆盖与翻压相结合的方式，既可以利用其覆盖

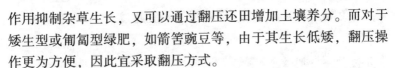

作用抑制杂草生长，又可以通过翻压还田增加土壤养分。而对于矮生型或匍匐型绿肥，如箭筈豌豆等，由于其生长低矮，翻压操作更为方便，因此宜采取翻压方式。

在种植绿肥的过程中，需要注意合理施肥和灌溉，以确保绿肥的正常生长和发育。同时，在翻压绿肥时，要注意翻压深度和均匀度，避免对土壤结构造成破坏。此外，绿肥的种植和翻压还田应根据当地的气候、土壤和作物特点进行调整和优化，以达到最佳的肥效和生态效益。

三、施用有机肥

施用有机肥在农业生产中是一种重要的施肥方式，它能够有效提高土壤肥力，促进作物生长，实现增产提质、减量增效的目标。有机肥的施用方法多种多样，可以与配方肥配合使用，根据作物需求和土壤状况进行合理搭配。

有机肥的施用应以基施为主，也就是在作物种植前将有机肥施入土壤中，为作物提供长效的养分供应。施用方法包括撒施、条状、环状、放射状沟施或穴施等。撒施是将有机肥均匀撒在田面上，然后耕翻入土；条状施肥是在作物行间开沟，将有机肥施入沟内；环状施肥是在作物根部周围开环状沟，将有机肥施入沟内；放射状沟施是以作物根部为中心，向外开数条放射状沟，将有机肥施入沟内；穴施则是在作物根部附近挖穴，将有机肥施入穴内。无论采用哪种方法，都应确保有机肥均匀施入土壤，避免局部浓度过高或过低。

堆肥和沼渣是常见的有机肥种类，它们一般作为基肥施用。施用量应根据土壤肥力和作物需求来确定，一般每亩施用 $1\sim3$ 吨。施用时，可以将堆肥和沼渣与土壤混合均匀，然后耕翻入土。沼液既可以作为基肥，也可以作为追肥使用。作为基肥时，可以与堆肥或沼渣一起施用；作为追肥时，可以采用条施、穴施、环状施肥或喷灌、滴灌等方式，将沼液均匀施入土壤中，并及时覆土，以减少养分挥发和流失。

秸秆是另一种重要的有机肥资源，它可以通过翻压、覆盖、堆沤等方式还田。翻压是将秸秆切碎后混入土壤中，通过耕翻使其与土壤混合；覆盖则是将秸秆直接铺在田面上，起到保水保肥的作用；堆沤则是将秸秆堆积起来，加入适量的水和微生物菌剂，进行发酵分解。在秸秆还田的过程中，可以配合施用氮肥和秸秆腐熟剂，以加速秸秆的分解和养分的释放。

在确定化肥减施数量时，应根据有机肥的养分含量和肥效特点进行综合考虑。对于长期未施用有机肥的地块，应避免当季大幅度减施化肥，以免对作物生长造成不良影响。同时，应根据作物生长情况和土壤养分状况，适时调整施肥方案，确保作物获得充足的养分供应。

四、施用有机无机复混肥料

有机无机复混肥料是一种综合了无机肥料和有机肥料各自优势的肥料。这种肥料既能够利用无机肥料快速、充足地提供作物所需的养分，又能借助有机肥料增加土壤有机质含量，提高土壤肥力，为作物生长创造更好的土壤环境。

在经济作物上，有机无机复混肥料的应用尤为广泛。由于经济作物对养分的需求较高，这种肥料能够满足其快速生长和高产的需求。同时，对于大田作物，有机无机复混肥料同样适用，能够提升土壤的整体肥力，促进作物健康生长。

在施用方式上，有机无机复混肥料具有较大的灵活性。它可以作为基肥，在作物种植前施入土壤，为作物整个生长周期提供稳定的养分供应。同时，它也可以作为追肥，在作物生长过程中根据养分需求进行补充。此外，作为种肥，有机无机复混肥料可以在播种或移栽时与种子一起施入土壤，但需要注意的是，为了避免肥料直接接触种子造成伤害，应采用条施、穴施等方式进行施用。

磷钾含量较高的有机无机复混肥，由于其富含磷钾元素，可以替代普通复混肥料作为基肥施用，为作物提供充足的磷钾养分，促进根系发育和果实成熟。而高氮型有机无机复混肥，则更适合作为追肥使用，可以在作物生长旺盛期提供大量的氮元素，促进作物快速生长和增产。

在施用有机无机复混肥料时，还需要注意与作物种类、生长阶段和土壤条件等因素相结合，合理确定施肥量和施肥时间，以达到最佳的施肥效果。同时，也要注意肥料的保存和运输，避免受潮、结块和变质等问题影响肥料质量。

第四节　推广使用新型肥料

一、新型肥料的优势

新型肥料是指采用先进技术或特殊配方制成的肥料。

相比传统肥料，从功能和效果上说，新型肥料的优势主要表现在：提高肥料利用率、提升土壤肥力、改善土壤理化性质和生物学性质、消除阻碍土壤健康的障碍因素、增强或调节植物生长状况、改善或增强肥料的其他功能、提高农产品品质等。如有机无机复混肥料可大幅提高化肥利用率，酸性土壤改良剂可有效抑制土壤酸化进程，抗旱肥料可在苗期保障作物正常生长，花生驱虫专用肥料可有效防治蛴螬，含有促根剂的产品可促进作物根系发达，含硼的有机无机复混肥料可有效解决水稻颖壳不闭合现象，含黄腐酸类产品可有效降解除草剂毒害等。

从使用方法上说，新型肥料的最突出的优势就是更节省用工成本，如各类水溶肥料可以用无人机进行叶面喷施、用水肥一体化技术进行喷施和滴灌，缓释肥料可以减少追肥次数。

二、主要的新型肥料

（一）缓释肥料

通过各种调控机制使养分缓慢释放，满足作物全生育期需求的肥料，包括聚合物包膜、硫包衣、包裹肥料、脲醛肥料等。聚合物包膜肥料主要作基肥一次性施用。硫包衣肥料以包衣尿素为主，氮的释放速度与包衣厚度、环境条件等有关，可控性不如聚合物包膜，但生产成本低，可补充硫元素，适用于北方缺硫土壤。包裹肥料采用钙镁磷肥、磷酸氢钙、磷酸铵钾盐等包裹尿素，可做基肥或追肥使用。做基肥时注意肥料和种子间隔在5厘米以上，做追肥时施肥时间适当提前，宜采用侧施或穴施。脲醛肥料养分释放取决于土壤微生物分解矿化作用，主要应用于大田作物。

（二）微生物肥料

指含有特定微生物活体的肥料，通过所含微生物的生命活动，增加植物养分供应或促进植物生长。施用方法有拌种、蘸根、土施、喷施等，施用前需关注生产日期、施用量、施用方法等信息，在有效期内施用。施用时间要早，施用位置离根系要近，施肥要匀。避免在高温、干旱条件下施用，施用后及时覆土，避免阳光长时间直射，不宜与杀菌剂农药混用。施用解磷、解钾微生物肥料产品时选择缺磷、缺钾而有机质相对较丰富的土壤，微生物肥料应与有机肥、化肥配合施用。

（三）稳定性肥料

在氮肥中加入脲酶抑制剂和硝化抑制剂，抑制尿素水解和铵态氮硝化，使肥效延长。稳定性肥料含氮量高，溶解速度快，易发生烧苗，施用时应保证种肥隔离 7 厘米以上。一般配合农家肥，结合整地做底肥一次性施入，用量应根据种植作物、产量水平、土壤肥力等进行确定。盐碱地和旱地上应谨慎使用，砂土地因漏肥严重不宜使用。

（四）水溶性肥料

易溶于水、养分吸收快、肥效高，主要采用叶面喷施、浸种蘸根、水肥一体化等方式施用。施用时严格控制肥液浓度，避免浓度过高造成肥害或浓度过低降低肥效。叶面喷施时选择施肥关键期进行。水肥一体化施用应按照灌溉系统类型控制水不溶物含量，注意肥料与灌溉水的反应及肥料混合的兼容性，避免堵塞灌水器。

（五）中微量元素肥料

在科学施用大量元素的基础上，合理补充钙、镁、硫中量元素肥料和锌、硼、钼、铁、锰等微量元素肥料。中微量元素肥料的施用应针对敏感作物和缺素土壤，提高针对性。可采取基施、浸种、叶面喷施、水肥一体化等方式施用。一般情况下微量元素肥料用量较少，应根据实际情况确定用量，控制施用浓度，避免产生肥害。

参考文献

迟春明，柳维扬，2017. 作物施肥基本原理及应用 [M]. 成都：西南交通大学出版社.

郭跃升，郑东峰，2016. 菜地现代施肥技术 [M]. 北京：化学工业出版社.

李雪转，2017. 农村节水灌溉技术 [M]. 北京：中国水利水电出版社.

李宗尧，2018. 节水灌溉技术（3 版）[M]. 北京：中国水利水电出版社.

马骏，2018. 测土配方施肥技术 [M]. 北京：中国农业出版社.

秦关召，袁建江，等，2017. 测土配方施肥实用技术 [M]. 北京：中国农业科学技术出版社.

全国农业技术推广服务中心，2017. 化肥减量增效技术模式 [M]. 北京：中国农业出版社.

宋志伟，张德君，2018. 粮经作物水肥一体化实用技术 [M]. 北京：化学工业出版社.

王春堂，2014. 农田水利学 [M]. 北京：中国水利水电出版社.